深智數位
股份有限公司

深智數位
股份有限公司

序言

筆者自 1998 年接觸網頁開發，那個時代還稱為 Web1.0 的時代，也就是單純的使用 HTML 來寫網頁。後來各家廠商的技術如雨後春筍般出現，如 ASP 與 JSP 等技術，讓網頁開發出現了新的格局，也造就出許許多多的新創公司，如 Facebook 與 Youtube 等。

生長在這樣的年代，身為開發者，必須要戰戰兢兢的面對新的技術，深怕有一天會被這些技術所追趕過去。20 多年過去了，網頁開發依舊非常火紅，但似乎已經產生新的共鳴？

Vue、React 與 Angular 這些非常熱門的前端開發框架，都是使用 JavaScript 的語法來開發，這個改變相對於過去的開發年代來說，實在是非常可喜可賀。因為對於開發者，只需要熟悉 JavaScript 語法，就能夠入門這些前端框架，實在是非常大的進步。且相對於 App 開發者來說友善許多了，不用在 iOS 或 Android 兩個平台來做選擇了，即便現在已經有 Flutter 或 React Native 等跨平台開發工具，還是必須要同時會 iOS 或 Android 兩種的編譯與上架方式。

至於 2023 年非常盛行的生成式 AI 工具，對於筆者來說，真的也只是一種工具而已，它只是比搜尋引擎快而已，但也不代表它不會出錯。身為一個開發者來說，熟悉所有開發工具是非常必備的，生成式 AI 只會告訴你一段程式碼，而這段程式碼最終還是必須要靠「人」來放入到適合位置。所謂適合的位置就會與開發經驗有關，也跟開發整合有關。然而這一切的根本，還是必須要懂所謂的基礎知識。我不可能完全不懂 Vue，然後只靠生成式 AI 來幫我寫程式，最後還必須要可以改得動。一個有經驗的開發者，反而會去追求這個好不好修改，也造就出許多的框架或開發流程，而這所有的目的都是為了之後維護方便。

本書主要是針對想要學習網頁前端的開發，而又不知道如何開始的開發者，有一個非常基礎且入門的開始，從不會到會，從零開始學習 Vue 的網頁開發。如果你對於網頁前端開發非常有興趣，但卻又不知道如何開始，網路搜尋到的資料都無從所入，那麼本書就會非常適合你。希望本書可以扮演一個敲門磚的引入者，帶領你進入這個奇幻的開發世界。

目錄

▌ CHAPTER 1　認識網頁開發

▌ CHAPTER 2　Hello Vue3

CHAPTER 3　Option 語法

CHAPTER 4　Composition 語法

CHAPTER 5　路由

CHAPTER 6 專案部署

CHAPTER 7 整合 CSS 框架

CHAPTER 8 API 與 SDK 串接

▋ CHAPTER 9 實務應用

▋ CHAPTER 10 進階應用

▌ CHAPTER 11 完整範例

▌ CHAPTER 12 Quick Note

第 **1** 章

認識網頁開發

　　本章介紹網頁的開發歷史，但不會贅述長長的來龍去脈的歷史發展，而是從技術出發，帶領讀者了解網頁開發的變遷與技術的支持。本章不會解釋 HTML/ JavaScript/CSS 的用法，而是透過範例來讓讀者更清楚了解 HTML/JavaScript/ CSS 所扮演的角色。

▌1.1　網頁開發歷史

　　網頁，是奠基於網路協定的第七層 HTTP 協定所發展出來的技術，而建立網頁的標準是使用 HTML，它是一個標記語言，不能算是程式語言。HTML 制定的目的是要讓瀏覽器可以讀得懂內容，然後呈現出來。當我們在瀏覽器的網頁上按下右鍵後，選取「檢視網頁原始檔」，就可以看見該網頁的原始 HTML 的內容。

　　一個基本的 HTML 檔案會需要以下標籤：

```
01 <!DOCTYPE html>
02 <html lang="en">
03 <head>
04   <meta charset="UTF-8">
05   <meta name="viewport" content="width=device-width, initial-scale=1.0">
06   <title>Document</title>
07 </head>
08 <body>
09   Hello World!
10 </body>
11 </html>
```

　　HTML 的副檔案為 .html 或 .htm 都可以，這類型的網頁都是以靜態架構為主，也就是單純的將資訊內容使用 HTML 標籤寫法，然後透過瀏覽器呈現出來，使用者是被動的方式接收網頁所提供的內容，而這個時代也稱為 Web1.0 。

　　後來 HTML 單純的標籤式語法已經沒有辦法滿足人們的需求，因為除了靜態的資訊頁面之外，也慢慢地轉向網路的互動時代，這個時候 JavaScript 出現了。

　　JavaScript 可以幫助 HTML 產生互動行為，而且可以直接嵌入到 HTML 內，例如：

```
01 <!DOCTYPE html>
02 <html lang="en">
03 <head>
04   <meta charset="UTF-8">
05   <meta name="viewport" content="width=device-width, initial-scale=1.0">
```

```
06   <title>Document</title>
07 </head>
08 <body>
09   <script>
10     document.write("Hello, world!");
11     alert("Hello, world!");
12     console.log("Hello, world!");
13   </script>
14 </body>
15 </html>
```

　　這個範例使用 JavaScript，在網頁上會呈現 Hello, world! 的字串，彈跳出小視窗，在瀏覽器的 console 印出 Hello, world!。

　　JavaScript 的出現，讓網頁添加了更多的豐富度，產生了許多的網頁特效，讓網頁不在只是單純的呈現死氣沈沈的資訊。而後來 jQuery 的誕生，大大簡化了使用 JavaScript 操作 HTML 文件的流程與複雜度，來看一個從 JavaScript 轉變到 jQuery 的範例。

　　使用 JavaScript 將字串從黑色變成紅色：

```
01 <!DOCTYPE html>
02 <html lang="en">
03 <head>
04   <meta charset="UTF-8">
05   <meta name="viewport" content="width=device-width, initial-scale=1.0">
06   <title>Document</title>
07 </head>
08 <body>
09   <h1 id="demo">Hello JavaScript</h1>
10
11   <script>
12     const myElement = document.getElementById("demo");
13     myElement.style.color = "red";
14   </script>
15 </body>
16 </html>
```

在這個例子當中，使用了 document.getElementById 來選取在 <body> 之中 id 為 demo 的標籤。但如果換成 jQuery，則寫法需改成：

```
01 <!DOCTYPE html>
02 <html lang="en">
03 <head>
04   <meta charset="UTF-8">
05   <meta name="viewport" content="width=device-width, initial-scale=1.0">
06   <title>Document</title>
07 </head>
08 <body>
09   <h1 id="demo">Hello JavaScript</h1>
10
11   <script src="https://ajax.googleapis.com/ajax/libs/jquery/3.7.1/jquery.min.js"></script>
12   <script>
13     $(document).ready(function () {
14       $("#demo").css('color', 'red');
15     });
16   </script>
17 </body>
18 </html>
```

選擇 HTML 標籤的語法轉變成 $("#demo")，大大簡化了原本使用 JavaScript 的程式碼的複雜度。當然，jQuery 還能夠做到建立動畫效果、處理事件、以及開發 Ajax 程式等。

於是，學習網頁開發的流程，從原本的 HTML，到後來的 JavaScript 與 jQuery，原本只需要學習 HTML，而後又追加 JavaScript 與 jQuery，學習門檻不斷地墊高。

2014 年第一個版本的 Vue 首次釋出，改變了網頁開發的遊戲規則，我們可以直接從 HTML 跳躍到 Vue 的世界，而完全跳過 JavaScript 與 jQuery。但這不代表不需要了解 JavaScript，我們可以不用徹底了解 JavaScript，只需要學會 JavaScript 的基本語法（在 1.4 會介紹到），因為 Vue 的基底是 JavaScript，語法規則也是 JavaScript。

所以學習 Vue 的門檻會基於 HTML 與 JavaScript 的基本語法，就可以一腳踏進 Vue 的世界了。

▋ 1.2 什麼是前端與後端

在上一節了解到，網頁開發的首要知識就是必須要學會 HTML 與 JavaScript，而這是 Web1.0 的時代，也就是單純的訊息傳遞。另外 CSS 的出現，更是添加了非常豐富的 UI 元件設計。

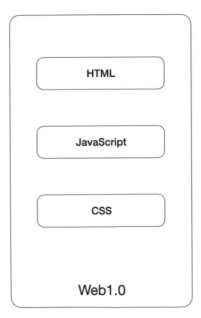

▲ 圖 1.2.1 Web1.0 時代所需要的技術

而後來演變到互動時代，也就是 Web2.0 的時代，使用者可以透過瀏覽器與網站平台互動，在網頁的內容呈現上，透過資料庫的技術，將使用者的互動資料儲存起來，例如留言板、聊天室或者討論區等互動平台。所以在 Web2.0 的時代，網頁開發者必須學會如何存取資料庫，可以新增、刪除、修改資料到資料庫內，而各家大廠也提供不同的程式語言來幫助網頁開發者，例如 ASP、JSP、PHP 等。

　　所以在 Web2.0 時代裡，一個網頁開發者所需要的基礎知識會包含，HTML、JavaScript、ASP(或 JSP、PHP) 與資料庫，資料庫又有不同的選擇，例如 MS SQL 或 MySQL。

▲ 圖 1.2.2　Web2.0 時代所需要的技術

　　隨著網頁的功能日漸複雜，資料量也愈來越大，程式存取資料庫的效能也慢慢受到重視。然而除了網頁程式與資料庫的複雜度日漸提升，在網頁呈現上也越來越複雜，加上資訊安全也越受到重視。由此可知，一個複雜的網站平台已經不在只是單純的資料呈現，而是包含網頁資料的呈現，也就是現今所稱的前端。網頁程式的資料庫存取，現今所稱的後端。資料庫效能的優化，現今所稱的 DBA。

　　所以在網頁開發階段，從原本的一條龍式的開發方式，逐漸演變成三個階段，前端、後端、DBA。但並不是每個專案都需要用這樣的分工方式，而是會根據公司或專案的需求來決定是否這樣分工，否則也不會出現所謂的「全端工程師」，也就是包含三個階段的所有開發職責。

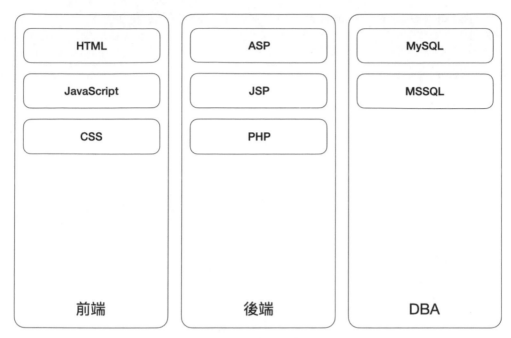

▲ 圖 1.2.3 前端、後端與 DBA

　　如果要再更詳細的切分，還會有部署工程師，也就是所謂的 SRE，專門負責將前後端程式與資料庫部署到伺服器上，可能是 AWS 或 GCP 的服務，也必須要負責服務的可用性或安全性等。

1.3 前端框架

　　目前在網頁前端開發上有三大主流框架，分別是 Vue、React 與 Angular，在這三個框架之中以 Vue 發展最年輕，在 2014 年釋出第一個版本，目前已經釋出第三個版本 Vue3。

　　從 Stack Overflow Trends 上，可以比較這三個框架的熱門程度：

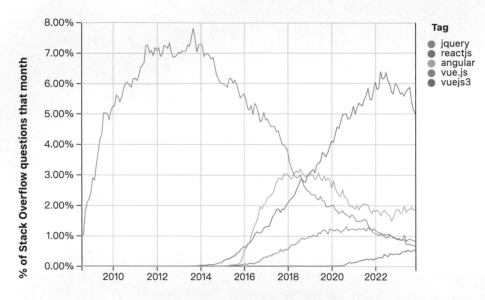

▲ 圖 1.3.1　三大框架熱門程度

圖片來源：https://insights.stackoverflow.com/trends?tags=reactjs%2Cangular%2Cj
query%2Cvuejs3%2Cvue.js

　　在這個比較圖當中，可以很清楚地看出 jQuery 自從 2014 年之後就慢慢衰退。而 React 與 Angular 因為發展程度較早，熱門程度相對於 Vue 要高出許多，但在最近三年內 React 已經慢慢在下降，Angular 則是表現平平。

　　而 Vue3 在 2020 年的釋出，最近三年則是慢慢升高，漸漸取代掉原本的 Vue.js 版本。

　　所以 Vue3 可謂是後市看漲啊。

　　而根據筆者的開發經驗，人多的地方不要去。當年 iOS 系統釋出時，學習的人也是非常稀少，造就出在市場的行情非常高，因為懂的人非常少。然而現在開發手機 App 的人滿街跑，想要衝高自身的行情也有一定的門檻在，除非是經驗非常豐富的開發者。

所以在 Vue3 的發展階段，非常適合將其納入自身的專業技能之一，而且 Vue3 也擁有以下筆者認為對於初學者非常具有吸引力的優點：

- 容易上手

- 完善的開發體驗

- 豐富的社群

Vue3 的官方文件裡，https://vuejs.org/guide/introduction.html，有著非常詳細的說明，如果是對網頁開發有經驗的人，上手時間應該會非常快速。但本書會注重在完全沒有網頁開發經驗的人，用非常簡單的範例來取代說明，從入門到進階，到最後的實務應用，完全讀懂本書的初學者，最後一定可以完整製作出一個網站平台出來。

如果你準備好了，那我們就先從 JavaScript 開始吧！

1.4 JavaScript 快速上手

在進入下一章之前，如果完全沒學過 JavaScript 的讀者，這個單元會快速的介紹 JavaScript 的基礎語法。如果已經對 JavaScript 熟悉的讀者，也可以快速的瀏覽本單元，算是一個簡單的複習。

本單元的語法會直接使用 .html 檔案的方式介紹，如同 1.1 介紹，一個最基本的 HTML 檔案含有 JavaScript 的語法會是：

```
01 <!DOCTYPE html>
02 <html lang="en">
03 <head>
04    <meta charset="UTF-8">
05    <meta name="viewport" content="width=device-width, initial-scale=1.0">
06    <title>Document</title>
07 </head>
08 <body>
09    <script>
10    </script>
11 </body>
12 </html>
```

第 09-10 行：JavaScript 語法必須寫在 <script></script>。

接下來本節所有的範例，將會只列出 <script></script> 之內的程式碼內容。

1.4.1　變數與常數

程式語言的基礎就是宣告變數來儲存資料。

宣告變數的方式是使用 let，例如 ：

```
01 let x = 0;
02 console.log(x);
```

第 01 行：宣告一個變數 x ，初始化為 0。

變數可以指定新的數值，例如 ：

```
01 let x = 0;
02 x = 5;
03 console.log(x);
```

第 02 行：將 x 指定新的數值 5。

也可以同時宣告多個變數，例如 ：

```
01 let x, y;
02 x = 5;
03 y = 10;
04 console.log(x, y);
```

除了 let 之外，也可以使用 var 來宣告變數，例如 ：

```
01 var x, y;
02 x = 5;
03 y = 10;
04 console.log(x, y);
```

var 這個方式是出現在 1995 到現今，而 let 是在 2015 年之後的版本出現的方式。這邊會建議讀者一率使用 let 來宣告變數，除非要支援很舊型的瀏覽器，才會需要使用 var。

宣告常數的方式是使用 const，例如 ：

```
01 const x = 5;
02 console.log(x);
```

變數與常數的差別在於，變數可以在程式碼的過程之中修改其值，但是常數不行，例如：

```
01 const x = 5;
02 x = 10;
03 console.log(x);
```

第 02 行：將常數 x 給予新的數值，會發生「Uncaught TypeError: Assignment to constant variable.」的錯誤。

1.4.2 陣列變數

另外一種型態宣告變數的方式就是使用陣列，陣列是將多個變數放入到同一個序列當中，例如：

```
01 let data = [0, 1, 2, 3, 4, 5];
02 console.log(data);
```

讀取陣列時，就必須要指定陣列的位置，例如 ：

```
01 let data = [0, 1, 2, 3, 4, 5];
02 console.log(data[0]);
```

陣列的位置是從 0 開始，所以 data[0] 就會列印出數字 0。所以這個範例的最後一個位置就會是 4，data[4]。

陣列的型態除了是數字之外，也可以是字串型態，例如：

```
01 let data = ["A", "B", "C"];
```

使用 let 宣告的陣列變數，在程式的執行過程是可以被修改，例如：

```
01 let data = ["A", "B", "C"];
02 data[0] = "AAA";
03 data[1] = "BBB";
04 data[2] = "CCC";
```

修改過程也可以給予不同型態的值，例如：

```
01 let data = ["A", "B", "C"];
02 data[0] = "AAA";
03 data[1] = 2;
04 data[2] = "CCC";
```

但不會建議這樣使用，會加深程式碼除錯時的複雜度。如果要儲存不同型態的值，可以使用結構變數，下一個單元會繼續討論。

宣告陣列時，可以使用空陣列，例如：

```
01 let data = [];
02 data[0] = "A";
03 data[1] = "B";
04 data[2] = "C";
```

而要將值存入到陣列時，可以指定陣列的位置來存入，但由於陣列的長度是不固定，所以如果要加入新的值，會建議使用 push，例如：

```
01 let data = [];
02 data.push("A");
03 data.push("B");
04 data.push("C");
```

使用 pop 來取得陣列的值，例如 ：

```
01 let data = [];
02 data.push("A");
03 data.push("B");
04 data.push("C");
05 console.log(data.pop());
06 console.log(data);
```

第 05 行：使用 pop() 會將最後一個 push() 的值取出來，所以這裡會印出 C。

第 06 行：pop 將值取出後，並且刪除原本陣列的值，所以 data 只剩下 A 與 B。

最後常用列出幾個常用的陣列函式：

join 可以將陣列輸出成字串：

```
01 let data = [];
02 data.push("A");
03 data.push("B");
04 data.push("C");
05 console.log(data.join(","));
```

第 05 行：使用 join 將陣列輸出成字串，並且用逗號區隔，會印出 A,B,C。

length 可以取得陣列的長度：

```
01 let data = [];
02 data.push("A");
03 data.push("B");
04 data.push("C");
05 console.log(data.length);
```

第 05 行：使用 length 取得陣列的長度，所以會印出 3。

1.4.3　物件變數

變數的第三種宣告方式為物件變數，例如：

```
01 let data = {name: "Jake", email: "jake@xxx.com"};
02 console.log(data);
```

物件宣告的方式是使用兩個大括號，並且帶入變數名稱與相對應的值。

第 01 行：宣告物件 data，有兩個變數 name 與 email。

存取物件變數的方式直接使用 . 變數名稱，例如：

```
01 let data = {name: "Jake", email: "jake@xxx.com"};
02 console.log(data.name);
```

第 02 行：使用 data.name 方式存取，所以這行會印出 Jake。

修改物件變數的方式直接使用 . 變數名稱，並且給予新的值，例如：

```
01 let data = {name: "Jake", email: "jake@xxx.com"};
02 data.name = "Allan";
03 console.log(data.name);
```

第 02 行：使用 data.name 給予新的值 Allan。

第 03 行：這行會印出 Allan。

1.4.4　if 判斷式

if 判斷式會根據所設定的條件內容而產生不同的結果，寫法為：

```
01 if () {
02    // 條件結果 1
03 }
04 else {
05    // 條件結果 2
06 }
```

　　這段程式碼翻譯白話就是：如果發生條件事件，就進入條件結果 1，否則的話就進入條件結果 2。

　　來看一個簡單的例子：

```
01 let x = 10;
02 let data = "";
03 if (x == 0) {
04    data = "x 等於 0";
05 }
06 else {
07    data = "x 不等於 0";
08 }
09 console.log(data);
```

　　第 01-02 行：宣告兩個變數，x 與 data。

　　第 03-08 行：使用 if 判斷式進行條件判斷，而條件是 x 要等於 0。

　　第 07 行：因為 x 等於 10，所以最後 data 會印出 x 不等於 0。

　　if 判斷式也可以增加多組判斷，例如：

```
01 let x = 10;
02 let data = "";
03 if (x == 0) {
04    data = "x 等於 0";
05 }
06 else if (x == 1) {
07    data = "x 等於 1";
08 }
09 else {
10    data = "x 不等於 0";
11 }
12 console.log(data);
```

　　第 06-08 行：新增一個 if 判斷式進行條件判斷，條件為 x 要等於 1。

　　第 10 行：因為 x 等於 10，所以最後 data 會印出 x 不等於 0。

1.4.5 for 迴圈

在 1.4.2 提到的陣列變數，如果要列印出來，可能會這樣寫：

```
01 let data = [0, 1, 2, 3, 4, 5];
02
03 console.log(data[0]);
04 console.log(data[1]);
05 console.log(data[2]);
06 console.log(data[3]);
07 console.log(data[4]);
08 console.log(data[5]);
```

但這樣的寫法，非常浪費空間與效率，所以如果要走訪陣列的所有元素，迴圈就派上用場。所以使用迴圈來改寫上述範例：

```
01 let data = [0, 1, 2, 3, 4, 5];
02 for (let x in data) {
03   console.log(x);
04 }
```

第 02 行：迴圈的語法為 for() ，小括號內使用一個變數 x 來走訪陣列的所有元素。

第 03 行：大括號內就可以使用這個 x 來代替每個陣列的元素。

而上面的寫法也可以改寫成：

```
01 let data = [0, 1, 2, 3, 4, 5];
02 for (let i = 0; i < data.length; i++) {
03   console.log(data[i]);
04 }
```

第 02 行：宣告一個變數 i ，初始值為 0。而且 i 小於 data 陣列的總長度，也就是 6。用 i++ 會等同於 i = i + 1，表示此迴圈每次推進都是增加 1。

最後把 if 判斷式與迴圈一起共用：

```
01 let data = [0, 1, 2, 3, 4, 5];
02 for (let i = 0; i < data.length; i++) {
03   if (i == 1) {
04     console.log(data[i]);
05   }
06 }
```

第 03 行：在迴圈內使用 if 判斷，如果 i 等於 1 時，才進入條件，所以這個範例只會列印出 1。

1.4.6 函式

函式的作用在於可以將重複的程式碼只寫一次，然後可以到處呼叫，例如：

```
01 let a = 100;
02 let b = 10;
03 let x1 = a * b;
04 let x2 = a * b;
05 let x3 = a * b;
```

在這個範例當中，已經重複寫了三行的 a * b，這樣的重複程式碼，可以使用函式來重寫，已達到重複使用的狀態。

```
01 let a = 100;
02 let b = 10;
03
04 function myFunction() {
05   return a * b;
06 }
07
08 let x1 = myFunction();
09 let x2 = myFunction();
10 let x3 = myFunction();
11
12 console.log(x1, x2, x3);
```

第 04 行：宣告一個函式 myFunction，將 a * b 使用 return 回傳出去。

第 08-11 行：呼叫 myFunction 函式，由於函式有回傳值，所以宣告變數來儲存這個回傳值。

所以函式的寫法，會使用一個關鍵字 function ，然後函式的名稱，括號內可以帶入參數，如果有回傳值，則必需要使用 return 將值回傳出去。

```
01 function functionName(parameters) {
02    // return 結果
03 }
```

如果有參數的帶入，例如：

```
01 let a = 100;
02 let b = 10;
03
04 function myFunction(temp) {
05    return a * b + temp;
06 }
07
08 let x1 = myFunction(1);
09 let x2 = myFunction(2);
10 let x3 = myFunction(3);
```

第 04 行：宣告函式的參數為 temp，可以把 temp 視為一個變數，而這個 temp 變數會跟 a * b 的結果相加。

第 08-10 行：x1、x2 與 x3 的結果分別為 1001、1002、1003。

1.5 本章重點摘要

回顧一下本章重點：

1.1 網頁開發歷史

- 什麼是 HTML。

- JavaScript 如何幫助 HTML 產生互動行為。

- JavaScript 演化到 jQuery。

1.2 什麼是前端與後端

- Web1.0 時代所需要的技術。

- Web2.0 時代所需要的技術。

- 前端、後端與 DBA。

1.3 前端框架

- 最熱門的三種框架 React、Angular 與 Vue。

1.4 JavaScript 快速上手

- 變數、常數、陣列變數與物件變數的差別。

- if 與迴圈的用法。

- 函式的用法。

第 **2** 章

Hello Vue3

　　在本章之中，筆者將會介紹如何使用 Vue3，可以區分成「快速使用」與「創建專案」兩種方式。在 2.1 的快速使用 Vue3，可以在既有的 .html 檔案內直接透過 CDN 方式來引用。進入到 2.2 的基本語法介紹，可以快速了解 Vue3 的基本程式語法。而在 2.3 創建專案，利用指令來創建一個全新的 Vue3 專案，最後才會進入到 2.4 徹底了解 Vue3 的專案結構。這四個小節是一個循序漸進的知識學習，建議讀者依照這樣的編排閱讀，會有更深入的了解。

▌ 2.1 快速使用

最快使用 Vue3 的方式就是直接透過 CDN 的方式來引用 .js 檔案到 HTML 檔案內。

首先，先新增一個最基本的 HTML 文件：

```
01 <!DOCTYPE html>
02 <html lang="en">
03   <head>
04     <meta charset="UTF-8">
05     <meta name="viewport" content="width=device-width, initial-scale=1.0">
06     <title>Document</title>
07   </head>
08
09   <body>
11   </body>
12 </html>
```

在這裡新增 HTML 文件的方式可以使用記事本新增檔案，然後另存新檔案成 .html 的副檔名即可。

將上面的文件儲存成 index.html。

而 CDN 的方式就是在 HTML 文件內引入外部的 JS 檔案，所以使用 CDN 呼叫 Vue3 的方式就是直接在 HTML 文件內插入：

```
<script src="https://unpkg.com/vue@3/dist/vue.global.js"></script>
```

由於是引用 JS 的外部程式檔案，所以 <script></script> 通常會放在 </body> 之前：

```
01 <!DOCTYPE html>
02 <html lang="en">
03   <head>
04     <meta charset="UTF-8">
05     <meta name="viewport" content="width=device-width, initial-scale=1.0">
```

```
06      <title>Document</title>
07    </head>
08
09    <body>
10      <script src="https://unpkg.com/vue@3/dist/vue.global.js"></script>
11    </body>
12 </html>
```

接下來加入 Vue3 的程式語法，先前也有提到 Vue3 是以 JavaScript 語法為基礎的框架，所以 Vue3 的程式碼需要放在 <script></script> 之間：

```
01 <body>
02   <div id="app">{{ message }}</div>
03
04   <script src="https://unpkg.com/vue@3/dist/vue.global.js"></script>
05   <script>
06     const { createApp } = Vue
07
08     const app = createApp({
09       data() {
10         return {
11           message: 'Hello Vue3'
12         }
13       }
14     })
15     app.mount('#app')
16   </script>
17 </body>
```

儲存檔案之後，直接使用瀏覽器開啟之後，就會看到網頁上呈現 Hello Vue3 的字串。

▲ 圖 2.1.1　瀏覽器開啟 Vue3 專案

　　如此，就完成了一個最基本的 Vue3 程式碼的結構。了解 CDN 的使用方式之後，接下來開始說明這段程式碼。

　　先看 <script></script> 之間的程式碼內容：

```
01 const { createApp } = Vue
02
03 const app = createApp({
04 })
```

　　所有的程式碼架構都會有一個主程式，可以把這個 createApp 想成要使用 Vue3 的主程式呼叫點，但是在使用 createApp 之前必須要先引用這個模組，引用的方式如：

```
const { createApp } = Vue
```

　　而 createApp 這個函式，會需要帶入一個參數，這個參數是一個物件，用來定義所需要的變數、函式、回傳等資料。

在這裡帶入 data() {}，則是 Vue3 用來宣告變數的地方：

```
01 data() {
02   return {
03       message: 'Hello Vue3'
04   }
05 }
```

第 03 行：宣告了一個變數 message，型別是字串，內容為 Hello Vue3。

最後 createApp 建立的物件會儲存到 app 變數，將 app 變數透過 mount，這個 mount 可以理解成輸出，而輸出就會需要一個容器來裝，這個容器指的就是 #app：

```
app.mount('#app')
```

而這個 #app ，就是指定在 HTML 標籤的 <div id="app">：

```
<div id="app">{{ message }}</div>
```

所以總結這段程式碼，Vue3 將變數透過 createApp 封裝成物件給予變數 app，然後指定 <div id="app"> 這個標籤，將內容輸出，而這裡的內容為 {{ message }}，表示將變數 message 顯示在網頁上。

2.2 基礎語法

2.1 節介紹的 CDN 方式來外部的 JS 檔案，也可以修改成以下方式：

```
01 <div id="app">{{ message }}</div>
02
03 <script type="module">
04   import { createApp } from 'https://unpkg.com/vue@3/dist/vue.esm-browser.js'
05
06   const app = createApp({
07     data() {
08       return {
```

```
09        message: 'Hello Vue3',
10      }
11    }
12  })
13  app.mount('#app');
14 </script>
```

　　這裡的修改是將原本的 <script> 修改成 <script type="module">。此外，外部檔案的連結也從 https://unpkg.com/vue@3/dist/vue.global.js 修改成 https://unpkg.com/vue@3/dist/vue.esm-browser.js。

　　這樣的用法稱為「ES 模組」語法。

什麼是 ES 模組？

早期的 JavaScript 是沒有模組化的功能，也就是將程式碼切割出來，而產生可以共用程式碼的方式。後來社群就產生了幾種模組化的寫法，演算到現在就變成了 ES 模組，又可以稱為 ES Module 或 ESM。

　　但在 Vue3 會建議使用 Import Maps 的方式來引用，例如：

```
01 <div id="app">{{ message }}</div>
02
03 <script type="importmap">
04   {
05     "imports": {
06       "vue": "https://unpkg.com/vue@3/dist/vue.esm-browser.js"
07     }
08   }
09 </script>
10 <script type="module">
11   import { createApp } from 'vue'
12
13   const app = createApp({
14     data() {
15       return {
```

```
16        message: 'Hello Vue3',
17      }
18    }
19  })
20  app.mount('#app');
21 </script>
```

第 03 行：新增 <script type="importmap">。

第 04-08 行：宣告了 Vue3 的外部模組連結。

第 11 行：將原本引用的方式修改為 import { createApp } from 'vue'。

在接下來的說明範例，會將第 03-09 行，也就是 importmap 的內容省略不寫。

Vue3 的 data(){} 內部主要是用來宣告變數的地方，如果要宣告多個變數，則必須要將變數之間使用逗號區隔：

```
01 <div id="app">
02   <p>{{ message }}</p>
03   <p>{{ i }}</p>
04 </div>
05
06 <script type="module">
07   import { createApp } from 'vue'
08
09   const app = createApp({
10     data() {
11       return {
12         message: 'Hello Vue3',
13         i: 0,
14       }
15     }
16   })
17   app.mount('#app');
18 </script>
```

第 13 行：宣告第二個變數 i，其型別是整數，給予 0，表示初始值為 0。

而在 HTML 標籤內的顯示變數之中，也可以執行基本的數學運算，例如將第 03 行修改為：

```
<p>{{ i + 100 }}</p>
```

將變數 i 加上 100，所以瀏覽器會顯示 100。

或者也可以執行判斷式：

```
<p>{{ (i == 0) ? "等於 0" : "不等於 0" }}</p>
```

這個寫法是精簡的 if 判斷式寫法，其實會等於：

```
01 if(i == 0) {
02    // 等於 0
03 }
04 else {
05    //" 不等於 0"
06 }
```

但因為 {{ }} 內是無法執行 if 判斷式，所以這種寫法是不被允許的：

```
{{ if (i == 0) { return '等於 0' } }}
```

但 {{ }} 內是可以執行精簡版的 if 判斷式。

所以 (i == 0)？" 等於 0" : " 不等於 0" 這個寫法就等於，如果 i 等於 0 的話，就顯示 " 等於 0"，否則的話就顯示 " 不等於 0"。

▌ 2.3 創建專案

2.3.1 安裝 CLI 工具

從 2.2 節了解 Vue3 的基礎語法與架構之後，接下來就要來討論建立新的專案。

那為什麼需要建立專案，不能使用上一個單元介紹的方式使用 Vue3 嗎？

這當然也可以，但這要根據你的專案來決定，如果專案已經使用別的開發框架，例如 jQuery，無法一時之間直接轉換成 Vue3，因為等於將專案砍掉重做，曠日費時。所以將要實作的新功能，使用 Vue3 的語法來製作，那就會建議使用 CDN 的方式來慢慢建構。

但如果是全新的專案，那就會建議直接使用完整的 Vue3 專案結構去開發，會必較省時省力。

而在 Vue3 的世界可以使用一個標準工具來建立專案，就是 Vue CLI 工具，這裡是它的官網：https://cli.vuejs.org，讀者可以自行參考。

接下來的步驟，必須使用指令來執行所有命令，所以直接開啟終端機，安裝 Vue CLI：

```
$ sudo npm install -g @vue/cli
```

安裝完成後，確認 Vue CLI 工具的版本：

```
$ vue -V
```

則會出現這一行，說明目前所安裝的版本：

```
$ @vue/cli 5.0.8
```

如果成功顯示版本號碼，就表示安裝完成了。

2.3.2 新增專案

在 2.3.1 節安裝好 Vue CLI 工具之後，接下來就可以使用 vue 命令來新增專案，可以先到你要新增專案的目錄下，在這裡筆者是到桌面上來新增：

```
$ cd ~/Desktop
```

然後直接輸入：

```
$ vue create vue-demo
```

vue create 就表示要新增一個新的專案，然後接上專案的名稱，這邊名稱可以自由命名，筆者在此命名為 vue-demo。

在新增專案的過程之中，選擇 Vue3 即可：

```
Vue CLI v5.0.8
? Please pick a preset:
〉Default ([Vue 3] babel, eslint)
  Default ([Vue 2] babel, eslint)
  Manually select features
```

接下來畫面會開始執行安裝的過程，如果安裝成功，可以看到這些內容：

```
... 前略 ...

  Generating README.md...

  Successfully created project vue-demo.
  Get started with the following commands:

 $ cd vue-demo
 $ npm run serve
```

恭喜你，專案成功建立。

接下來，要開始執行這個新的專案，直接進入該目錄底下：

```
$ cd vue-demo/
$ npm run serve
```

就會開始啟動專案，啟動完成會看到以下內容：

```
App running at:
  - Local:   http://localhost:8081/
  - Network: http://192.168.0.211:8081/
```

```
Note that the development build is not optimized.
To create a production build, run npm run build.
```

這個時候直接開啟瀏覽器，在網址輸入：http://localhost:8080/ 即可以看到
Vue3 專案內容，也就是這個畫面：

Welcome to Your Vue.js App

For a guide and recipes on how to configure / customize this project,
check out the vue-cli documentation.

Installed CLI Plugins

babel eslint

Essential Links

Core Docs Forum Community Chat Twitter News

Ecosystem

vue-router vuex vue-devtools vue-loader awesome-vue

▲ 圖 2.3.1 Vue3 專案啟動畫面

在瀏覽器看到這畫面，就代表專案成功執行，大功告成。

2.3.3 使用 Vite 新增專案

Vite 為一種新型的前端建構工具，除了可以建立 Vue3 專案之外，也可以建
立其它框架的專案，例如 Vanilla、React、Preact、Lit、Svelte、Solid、Qwik 等。

而使用 Vite 建構專案的好處在於打包的速度會變快，關於專案打包可以參考 6.1 節。當專案程式發展越來越多時，使用 Vite 可以加快開發與部署的時間。

要使用 Vite 建立專案必須要先安裝 Vite 工具：

```
$ npm init vite@latest
```

如果沒有安裝 Vite 工具，則會出現：

```
Need to install the following packages:
  create-vite@5.2.3
Ok to proceed? (y)
```

直接輸入 y 進行安裝。

安裝完成後，輸入專案名稱：

```
? Project name: › vite-project
```

選擇開發框架，選擇 Vue：

```
? Select a framework: › - Use arrow-keys. Return to submit.
    Vanilla
〉  Vue
    React
    Preact
    Lit
    Svelte
    Solid
    Qwik
    Others
```

選擇程式語言，選擇 JavaScript：

```
? Select a variant: › - Use arrow-keys. Return to submit.
    TypeScript
〉  JavaScript
    Customize with create-vue ↗
    Nuxt
```

專案就建立好了，直接輸入以下三行指令，就可以啟動專案：

```
$ cd vite-project
$ npm install
$ npm run dev
```

當出現以下提示時，表示專案成功啟動：

```
VITE v5.2.9  ready in 317 ms

→   Local:    http://localhost:5173/
→   Network: use --host to expose
→   press h + enter to show help
```

開啟瀏覽器，會呈現這個畫面：

▲ 圖 2.3.2 Vite 專案啟動畫面

使用 Vue CLI 工具 (如 2.3.2 節) 或者 Vite (如 2.3.3 節) 來建構專案都可以，本書以下所有範例都將會使用 Vue CLI 建構專案的方式來說明。

▍2.4　專案結構

在 2.3 節中，已經了解如何使用 Vue CLI 工具來建立新的專案，而在任何的程式開發的過程之中，都會需要一個編輯器來讓整個開發過程更加方便，這裡會建議使用 Visual Studio Code 來開啟專案。

Visual Studio Code 是微軟的跨平台免費開發工具，重點是「跨平台」與「免費」，所以代表著可以在 Windows 與 Mac 上都可以使用，也不用擔心版權的問題。再者，因為是開源的開發工具，上面也有非常多的開發套件，在之後的章節也會介紹到關於 Vue3 有哪些開發套件建議安裝使用。

所以先安裝 Visual Studio Code：https://code.visualstudio.com/。根據你的平台來選擇並且下載安裝。

安裝好之後直接打開 Visual Studio Code，會看到歡迎畫面，點選「開啟」按鈕：

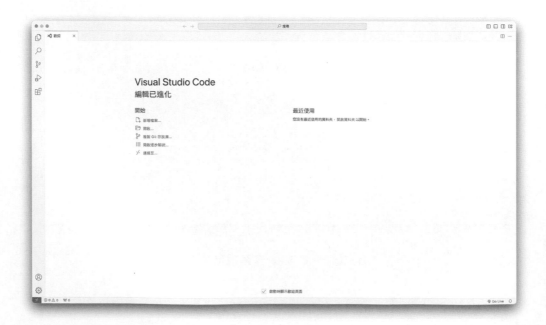

▲ 圖 2.4.1　Visual Studio Code

　　根據上一個單元建立專案位置在桌面，所以到桌面開啟 vue3-demo 這個資料夾，選取資料夾後，按下打開：

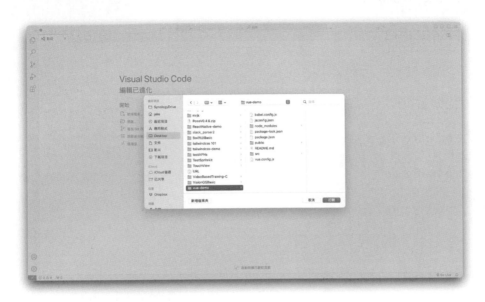

▲ 圖 2.4.2　Visual Studio Code 開啟專案

在左側的目錄上可以瀏覽整個專案的結構：

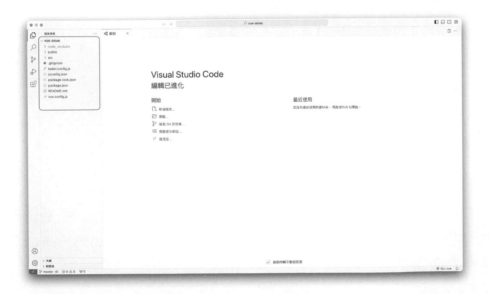

▲ 圖 2.4.3　專案結構

一個完整的 Vue3 專案內，總共會有這些資料夾檔案：

* node_modules

* public

* src

* .gitignore

* babel.config.js

* jsconfig.json

* package-lock.json

* package.json

* README.md

* vue.config.js

先看 public 與 src 這兩個資料夾就好，其它的設定檔案可以先忽略不看，之後會再慢慢介紹。

這裡的主程式架構與 2.1 節介紹的架構類似，但會有些許的不同，主要在於多了模組化的概念。

Vue3 的專案主程式流程，會先從 src/main.js 這個檔案開始：

```
01 import { createApp } from 'vue'
02 import App from './App.vue'
03
04 createApp(App).mount('#app')
```

程式邏輯很簡單，它會先引用 App.vue，而 App.vue 就是一開始建立專案時，會自動產生好的頁面。將 App 帶入給 createApp，並且渲染 (mount) 到 #app 之上，這個 mount 跟 2.1 節介紹的一樣，可以把它想像成輸出內容給 #app。

#app 這個變數可以在 public/index.html 裡找到：

```
01 <!DOCTYPE html>
02 <html lang="">
03   <head>
04     <meta charset="utf-8">
05     <meta http-equiv="X-UA-Compatible" content="IE=edge">
06     <meta name="viewport" content="width=device-width,initial-scale=1.0">
07     <link rel="icon" href="<%= BASE_URL %>favicon.ico">
08     <title><%= htmlWebpackPlugin.options.title %></title>
09   </head>
10   <body>
11     <noscript>
12       <strong>We're sorry but <%= htmlWebpackPlugin.options.title %> doesn't work
properly without JavaScript enabled. Please enable it to continue.</strong>
13     </noscript>
14     <div id="app"></div>
15     <!-- built files will be auto injected -->
16   </body>
17 </html>
```

第 14 行：<div id="app"></div> 可以找到 id="app"。

所以整個 Vue3 的程式邏輯的流程就是，在 src/main.js 內引用 App.vue，然後輸出到 public/index.html。

接下來直接打開 App.vue，先不要理會裡面的程式結構，一開始看一定看不懂，只要先了解每個 .vue 檔案都有主要的標籤，分成三個部分：

```
<template>
...
</template>

<script>
...
</script>

<style>
```

```
...
</style>
```

　　* template：相關 HTML 標籤語法放置的地方

　　* script：程式邏輯放置的地方

　　* style：相關 CSS 標籤語法放置的地方

　　所以這邊就可以很清楚了解，在 Vue3 的設計上，每一個網頁可以當作一個 .vue 檔案，而這一個 .vue 檔案要顯示的頁面內容，也就是 HTML 標籤，會放在 <template></template> 標籤內。相關的程式邏輯語法會放在 <script></script> 標籤裡面。最後，如果有相關的 CSS 樣式，則放在 <style></style> 標籤內。

2.5 本章重點摘要

　　第 2 章的重點在於建立 Vue3 的基礎架構，如果有不理解的地方，建議一定要回過頭重新觀看，否則接下來的章節一定會更無法理解。

　　回顧一下本章重點：

2.1　快速使用

- 使用 CDN 方式引用 Vue3。

2.2　基礎語法

- 如何將 Vue3 變數顯示在網頁上。

2.3　創建專案

- 使用 CLI 工具建立一個全新的專案。

2.4　專案結構

- 用 Visual Studio Code 開啟專案。
- Vue3 專案內的資料夾檔案。
- Vue3 的三個部分。

第 **3** 章

Option 語法

第 3 章正式進入 Vue3 的語法解說，而 Vue3 的語法會區分成兩種寫法：
Option 與 Composition，筆者建議這兩種語法都要學會，而初學者建議先從
Option 的寫法來熟悉語法。所以本章主要會詳細解說 Vue3 的 Option 語法，而
在第 4 章才會解說 Composition 的語法。

建議讀者可以先從 2.3 節介紹的創建專案，來建立一個全新的專案來練習。因為本章的每一個小節都可以視為獨立的單元，讀者如果要實作練習的話，都可以先使用 2.3 節介紹的方式建立一個全新的專案，然後再來實作每一個單元。

3.1　變數綁定

到目前為止，我們對於 Vue3 的了解程度在於，一個 .vue 的檔案結構會區分成三個區塊：

```
<template>
...
</template>

<script>
...
</script>

<style>
...
</style>
```

所有的 HTML 標籤語法、程式結構、樣式制定，都會分別放在這三個區塊內，依照這個 Vue3 定義好的結構，可以很清楚的明確知道所有的程式語言邏輯架構都會放在 <script></script> 內。

而程式語言開發的第一步，一定是介紹變數宣告。接下來的所有範例，都會從修改 App.vue 這個檔案開始，所以勇敢的把 App.vue 的所有程式碼刪除掉吧。

　　開啟 App.vue，然後刪除所有的程式碼，在這裡 <style></style> 可以根據自己的喜好選擇要不要刪除，<style></style> 標籤只會跟網頁排版有關係而已，留不留都無所謂，不會影響到程式流程。而本書為了文章的說明簡潔，不會特別把 <style></style> 標示出來，所以本書接下來的所有程式碼範例，除了特殊案例之外，都不會說明 <style></style> 內的所有標籤。

　　將 App.vue 所有程式碼刪除掉，只留下 <template></template> 與 <script></script>：

```
01 <template>
02
03 </template>
04
05 <script>
06
07 </script>
```

　　存檔之後，開啟網頁時，會產生下面這個錯誤訊息：

```
Compiled with problems:

ERROR
[eslint]
/Users/jake/Desktop/vue-demo/src/App.vue
  1:1  error  The template requires child element  vue/
valid-template-root

× 1 problem (1 error, 0 warnings)
```

▲　圖 3.1.1　網頁錯誤訊息

　　切換到終端機時，也會看到以下錯誤：

```
ERROR  Failed to compile with 1 error
上午 10:28:30

[eslint]
/Users/jake/Desktop/vue3-demo/src/App.vue
  1:1  error  The template requires child element  vue/valid-template-root
```

```
✖ 1 problem (1 error, 0 warnings)


You may use special comments to disable some warnings.
Use // eslint-disable-next-line to ignore the next line.
Use /* eslint-disable */ to ignore all warnings in a file.
ERROR in [eslint]
/Users/jake/Desktop/vue3-demo/src/App.vue
  1:1  error  The template requires child element  vue/valid-template-root

✖ 1 problem (1 error, 0 warnings)


webpack compiled with 1 error
```

　　而在這裡會發生錯誤的原因在於，Vue3 不允許 .vue 檔案內，如果宣告了 <template></template> 與 <script></script> 這兩個標籤，而標籤內卻沒有寫任何的 HTML 語法或者程式語法。這個錯誤也是為了防止程式開發人員一些不必要的錯誤。

　　首先在 <script></script> 標籤內，新增以下程式碼：

```
01 <script>
02 export default {
03   name: 'App',
04   data() {
05     return {
06       message: 'Hello World',
07     };
08   },
09 };
10 </script>
```

　　雖然 Vue3 的程式語法是使用 JavaScript，習慣使用 jQuery 開發的朋友，看到這段程式碼一開始一定無法適應，沒關係，筆者一行一行來解釋。

第 02 行：所有 Vue3 的程式邏輯都必須要寫在 export default {} 裡頭。

第 03 行：name: 'App' 宣告這個 .vue 的名稱。

第 04 行：data() {} 是宣告變數的地方，在裡面使用 return 來輸出一個變數 message。輸出的意思就是將變數輸出給 <template></template> 可以來使用。而這個變數 message 的型別是一個字串，給予了 'Hello World' 這個字串。

而要把 message 這個變數顯示在 <template></template> 內的話，就必須要使用雙層大括號 {{ message }}，如：

```
01 <template>
02   {{ message }}
03 </template>
```

第 02 行：在 <template></template> 必須要使用 {{ message }} 的寫法將變數輸出。

如此一來就可以在網頁上看到 Hello World 了。

▲ 圖 3.1.2 Hello World

　　如果沒有把 \<style>\</style> 標籤刪除掉的話，就會將字串置中，這是因為 CSS 樣式產生的結果。

　　到目前為止，App.vue 的所有內容如下：

```
01 <template>
02   {{ message }}
03 </template>
04
05 <script>
06 export default {
07   name: 'App',
08   data() {
09     return {
10       message: 'Hello World',
11     };
12   },
13 };
14 </script>
```

　　這段程式碼簡單的說，宣告了一個變數 message，型別是字串，給予 'Hello World'，然後顯示在網頁上。

　　而這個時候，如果我們想要將 HTML 標籤套入到變數內，可以這樣宣告：

```
01 data() {
02   return {
03     message: '<b>Hello World</b>',
04   };
05 },
```

　　第 03 行：在 message 變數內多增加了 \<b> 標籤，表示呈現粗體字體。

切換回網頁時，卻完整的把字串內容都呈現出來了：

▲ 圖 3.1.3 變數加入 HTML 標籤

當然這不是我們要的結果，如果要將 HTML 標籤的效果呈現出來，必須要使用 v-html 這個指令，並且給予一個變數：

```
01 <template>
02   <span v-html="message"></span>
03 </template>
```

切換回網頁時，就會呈現一個粗體的字串了：

▲ 圖 3.1.4　變數加入 HTML 標籤

　　將變數使用 Vue3 的指令，來對於 HTML 標籤產生作用，稱為「變數綁定」，也就是透過 Vue3 的指令來綁定變數。這樣子的寫法就是 Vue3 的特色，因為除了 v-html 指令之外，HTML 還有許多屬性如 id、class、click 等，都可以透過這種方式來綁定變數。

　　此外，當變數的內容經過某些邏輯變動時，無需做任何更新的動作，Vue3 就會自動地將內容更新到網頁上，而這樣子的更新方式，也稱為「響應式」系統。也就是只要透過 Vue3 的變數綁定方式，無需再增加額外的更新程式碼，開發人員不用再多寫程式碼，就能夠獲得自動更新這個功能，是不是很棒呢！

Vue3 的官網對於響應式的定義：

響應性：Vue 會自動追蹤 JavaScript 狀態並在其變更時響應式地更新 DOM。

Vue3 稱為響應式框架，就是這個原理所在。

3.2 樣式綁定

樣式綁定，就是將 CSS 樣式的名稱輸出給變數，然後綁定到 HTML 標籤的 id 或者 class 屬性之內。

如果要綁定變數到屬性 id，則必需要使用 v-bind 指令，例如：

```
<div v-bind:id="myId">Hello Vue3</div>
```

而變數 myId 一樣宣告在 data(){} 內：

```
01 data() {
02   return {
03     myId: 'myId',
04   };
05 },
```

第 03 行：宣告一個變數 myId，型別是一個字串，給予 'myId'。

最後在 <style></style> 內宣告 myId 這個樣式：

```
01 <style>
02 #myId {
03   color: red;
04 }
05 </style>
```

完整的程式碼：

```
01 <template>
02   <div v-bind:id="myId">Hello Vue3</div>
03 </template>
04
05 <script>
06 export default {
07   name: 'App',
08   data() {
09     return {
10       myId: 'myId',
11     };
12   },
13 };
14 </script>
15
16 <style>
17 #myId {
18   color: red;
19 }
20 </style>
```

　　開啟瀏覽器之後，就會顯示一個紅色字體的 Hello Vue3。而這個就是所謂的樣式綁定，將 CSS 的樣式名稱輸出給變數，再透過變數綁定的方式，也就是指令 v-bind:id，綁定到 id 這個屬性。

　　而透過瀏覽器的元素檢查工具，也可以看到最後在 HTML 的原始碼所呈現的結果：

```
<!DOCTYPE html>
<html lang>
▶ <head> ⋯ </head>
▼ <body style>
  ▶ <noscript> ⋯ </noscript>
  ▼ <div id="app" data-v-app>
⋯     <div id="myId">Hello Vue3</div> == $0
    </div>
    <!-- built files will be auto injected -->
  </body>
</html>
```

▲ 圖 3.2.1　瀏覽器原始碼

　　而這樣的樣式綁定在實務的開發上會如何應用？可以透過一個變數來決定要顯示的顏色，例如：

```
01 <template>
02   <div v-bind:id="isAlert && myId">Hello Vue3</div>
03 </template>
04
05 <script>
06 export default {
07   name: 'App',
08   data() {
09     return {
10       isAlert: false,
11       myId: 'myId',
12     };
13   },
14 };
15 </script>
16
17 <style>
18 #myId {
19   color: red;
20 }
21 </style>
```

　　第 10 行：新增一個變數 isAlert，為一個布林值，且為 false。

　　然後回到第 2 行，isAlert && myId 這樣的寫法就表示，如果 isAlert 是 true，網頁原始碼的結果就會顯示：

```
<div id="myId">Hello Vue3</div>
```

　　就可以正確顯示紅色。

　　而如果 isAlert 是 false，網頁原始碼的結果就會顯示：

```
<div id="false">Hello Vue3</div>
```

無法正確顯示紅色。

大家可以試著去改改 isAlert 這個變數為 true 或 false，然後看看網頁所呈現的變化。

而在屬性 class 也是相同的概念，但下面的例子使用了精簡版的 if 判斷式，if 判斷式會在下一個單元介紹。

```
01 <template>
02   <div v-bind:class="isAlert ? 'alert' : 'info'">Hello Vue3</div>
03 </template>
04
05 <script>
06 export default {
07   name: 'App',
08   data() {
09     return {
10       isAlert: false,
11     };
12   },
13 };
14 </script>
15
16 <style>
17 .alert {
18   color: red;
19 }
20
21 .info {
22   color: blue;
23 }
24 </style>
```

"isAlert ? 'alert' : 'info'" 這一行程式的意思是說，如果 isAlert 為 true 的話，就會使用 alert 這個字串，否則的話就會使用 info 這個字串。而這個範例的結果因為 isAlert 等於 false，所以最後在網頁上呈現的效果就會是藍色的 Hello Vue3。

這個 class 屬性，也可以使用陣列型態的變數綁定：

```
01 <template>
02 <div v-bind:class="['alert', 'underline']">Hello Vue3</div>
03 </template>
04
05 <script>
06 export default {
07   name: 'App',
08   data() {
09     return {
10       isAlert: false,
11     };
12   },
13 };
14 </script>
15
16 <style>
17 .alert {
18   color: red;
19 }
20
21 .underline {
22   text-decoration: underline;
23 }
24 </style>
```

這裡先在 <style></style> 新增一個樣式的宣告 underline，表示字串會呈現有底線的狀態。然後在屬性 class 中使用陣列方式 ['alert', 'underline']，將兩個字串包含進去。所以在網頁上呈現的效果就會是具有底線且紅色的 Hello Vue3。

最後，可以在這個陣列型態的變數綁定加入剛剛介紹的布林值判斷：

```
01 <template>
02 <div v-bind:class="[isUnderline && 'underline', isAlert ? 'alert' : 'info']">Hello
01 Vue3</div>
03 </template>
04
05 <script>
```

```
06 export default {
07   name: 'App',
08   data() {
09     return {
10       isUnderline: true,
11       isAlert: false,
12     };
13   },
14 };
15 </script>
16
17 <style>
18 .alert {
19   color: red;
20 }
21
22 .info {
23   color: blue;
24 }
25
26 .underline {
27   text-decoration: underline;
28 }
29 </style>
```

多宣告一個變數 isUnderline，初始值為 true，所以在 isUnderline && 'underline'
這個判斷內就會是使用 'underline' 這個字串。另外一組判斷 isAlert ? 'alert' :
'info' 就跟剛剛的描述一樣，會使用 info 這個字串。所以在網頁上呈現的效果就
會是具有底線且藍色的 Hello Vue3。

最後，不管是 v-bind:id 或 v-bind:class 都可以簡寫變成 :id 或 :class，如：

```
01 <template>
02   <div :id="myId">Hello Vue3</div>
03   <div :class="['alert', 'underline']">Hello Vue3</div>
04 </template>
```

3.3 if 判斷式

　　if 判斷式，在 2.2 節與 3.2 節都有稍微說明到精簡版的 if 判斷，例如：isAlert？'alert'：'info'，而這一行的判斷原型如果使用 if 關鍵字，也就會等於：

```
01 if(isAlert) {
02     return 'alert'
03 }
04 else {
05     return 'info'
06 }
```

　　但在 Vue3 的世界之中，為了要在 <template></template> 內可以順利執行這樣的 if 判斷語言，也會使用變數綁定的方式，稱為 v-if 綁定，先來看一個簡單的例子。

　　首先宣告一個變數 isShow，但其型別是使用布林值，只有 true 與 false 兩種值，將其設定為 true：

```
01 <script>
02 export default {
03   name: 'App',
04   data() {
05     return {
06       isShow: true,
07     };
08   },
09 };
10 </script>
```

　　第 06 行：宣告變數 isShow，設定為 true。

　　接下來使用 v-if 指令，來綁定變數 isShow：

```
<p v-if="isShow">Hello World</p>
```

　　如果 isShow 等於 true 才會顯示內容，否則的話就不顯示。

所以將程式碼結合起來：

```
01 <template>
02   <p v-if="isShow">Hello World</p>
03 </template>
04
05 <script>
06 export default {
07   name: 'App',
08   data() {
09     return {
10       isShow: true,
11     };
12   },
13 };
14 </script>
```

在 data(){} 內宣告了一個布林變數為 isShow，在 template 之中使用 Vue3 標籤 v-if 並且指定變數為 isShow，就可以使用 isShow 這個變數來控制是否顯示 Hello World 這樣的內容。

可以把 isShow 修改為 false，然後看看 Hello World 是不是還會顯示。

然而 if 判斷式也可以加入 else 的判斷語法，v-if 跟 v-else-if。

先宣告一個變數 x 等於 2：

```
01 <script>
02 export default {
03   name: 'App',
04   data() {
05     return {
06       x: 2,
07     };
08   },
09 };
10 </script>
```

第 06 行：宣告一個變數 x 等於 2。

然後加入 v-if 與 v-else-if 判斷：

```
01 <template>
02   <p v-if="x === 0">x = 0</p>
03   <p v-else-if="x === 1">x = 1</p>
04   <p v-else-if="x === 2">x = 2</p>
05   <p v-else>x != 0</p>
06 </template>
07
08 <script>
09 export default {
10   name: 'App',
11   data() {
12     return {
13       x: 2,
14     };
15   },
16 };
17 </script>
```

第 02-05 行：多重的 if else 結構。

這個多重的 if else 結構是指，如果 x 等於 0 的話就顯示 x = 0，否則 x 等於 1 的話就顯示 x = 1，否則 x 等於 2 的話就顯示 x = 2，如果都不等於 0 且也不等於 1 且也不等於 2 的話就顯示 x != 0。

最後，v-show 跟 v-if 會有一樣的效果，將 v-if 改成 v-show：

```
01 <template>
02   <p v-show="isShow">Hello World</p>
03 </template>
04
05 <script>
06 export default {
07   name: 'App',
08   data() {
09     return {
10       isShow: true,
11     };
```

```
12   },
13 };
14 </script>
```

第 02 行：使用 v-show 指令來判斷是否要顯示。

v-show 與 v-if 的差別在於，無法像 v-if 一樣可以寫多重的 if 判斷，另外如果 v-show 不顯示的話，會在 HTML 上顯示：

```
<p style="display: none;">Hello World</p>
```

而 v-if 不顯示的話，會變成連 HTML 標籤都會消失不見。

3.4 for 迴圈

如果說 if 判斷式可以方便使用變數來控制內容是否顯示，那麼 for 迴圈則是方便顯示重複的內容，通常會運用在表格或卡片的網頁排版中。而 for 迴圈通常會跟陣列一起使用，先來看一個簡單的範例。

宣告一個陣列變數：

```
01 <script>
02 export default {
03   name: 'App',
04   data() {
05     return {
06       users1: ['Jake', 'Allan', 'Eason'],
07     };
08   },
09 };
10 </script>
```

第 06 行：宣告一個陣列變數 user1，裡面有三個元素。

陣列就是將多個的字串或者數值，用一個變數來封裝。所以這裡宣告了一個陣列 user1，然後放入三個字串，意思是說將這三個字串放在一個有序列功能的變數裡面，這個變數就是 user1。換句話說，就可以只透過 user1 來存取這三個字串，而不需要重複宣告三個變數來放這三個字串。

而要將陣列的所有內容顯示出來，一樣是使用變數綁定的方式，if 判斷式是使用關鍵字 v-if，那 for 迴圈則是使用關鍵字 v-for 這個指令來表示：

```
01 <template>
02   <p v-for="user in users1" :key="user">{{ user }}</p>
03 </template>
04
05 <script>
06 export default {
07   name: 'App',
08   data() {
09     return {
10       users1: ['Jake', 'Allan', 'Eason'],
11     };
12   },
13 };
14 </script>
```

第 02 行：使用 v-for 來訪問陣列的所有元素。

在 <template></template> 使用 v-for 來走訪陣列的所有元素，使用 user in users1 語法宣告了另外一個變數 user，就是用來走訪陣列 users1 的所有元素，而要顯示出這個變數 user，就可以使用 {{ user }} 來顯示。

所以在網頁上就會顯示：

```
Jake
Allan
Eason
```

for 迴圈還可以透過 index 變數來表示資料的編號：

```
01 <template>
02   <p v-for="(user, index) in users1" :key="user">{{ index }} {{ user }}</p>
03 </template>
```

```
04
05 <script>
06 export default {
07   name: 'App',
08   data() {
09     return {
10       users1: ['Jake', 'Allan', 'Eason'],
11     };
12   },
13 };
14 </script>
```

第 02 行：新增一個 index 變數，表示每一個元素的編號。

關鍵字 index 會從數字 0 開始依序編號，所以在網頁上就會顯示：

```
0 Jake
1 Allan
2 Eason
```

但這樣的陣列宣告，在資料只有一種時，還不會出現問題，如果這個時候除了名字之外的，也需要放入對應的 Email 內容，那就會需要將陣列修改成物件陣列的方式來使用：

```
01 <script>
02 export default {
03   name: 'App',
04   data() {
05     return {
06       users2: [
07         { name: 'Jake', email: 'jake@gmail.com' },
08         { name: 'Allan', email: 'allan@gmail.com' },
09         { name: 'Eason', email: 'eason@gmail.com' },
10       ],
11     };
12   },
13 };
14 </script>
```

第 06 行：宣告陣列變數 user2。

第 07-09 行：陣列內的每一個元素都是物件變數。

物件陣列內的元素必須要用 {} 包起來，然後每個內容都必須要指定 key。

- name: 'Jake'，就表示宣告一個變數 name 等於 Jake

- email: 'jake@gmail.com'，就表示宣告一個變數 email 等於 jake@gmail.com

所以這裡的 name 跟 email 就是指定的 key。

宣告好物件陣列之後，就可以很方便的使用 for 迴圈來直接存取這兩個 key：

```
01 <template>
02   <p v-for="(user, index) in users2" :key="user.email">
03     {{ index }} {{ user.name }} {{ user.email }}
04   </p>
05 </template>
06
07 <script>
08 export default {
09   name: 'App',
10   data() {
11     return {
12       users2: [
13         { name: 'Jake', email: 'jake@gmail.com' },
14         { name: 'Allan', email: 'allan@gmail.com' },
15         { name: 'Eason', email: 'eason@gmail.com' },
16       ],
17     };
18   },
19 };
20 </script>
```

第 02 行：使用 v-for 來走訪陣列 user2 的每一個元素。

一樣宣告另外一個變數 user 來走訪陣列 user2 的每一個元素，就可以直接使用這個變數 user 來指定 key。使用 user.name，可以存取 name。使用 user.email，可以存取 email。

所以在網頁上就會顯示：

```
0 Jake jake@gmail.com
1 Allan allan@gmail.com
2 Eason eason@gmail.com
```

最後，可以將 if 判斷式與 for 迴圈一起混合使用，例如：

```
01 <template>
02   <div v-for="(user, index) in users1" :key="user">
03     <p v-if="user === 'Jake'">{{ index }} {{ user }}</p>
04   </div>
05 </template>
06
07 <script>
08 export default {
09   name: 'App',
10   data() {
11     return {
12       users1: ['Jake', 'Allan', 'Eason'],
13     };
14   },
15 };
16 </script>
```

第 02-04 行：v-for 迴圈內，使用 v-if 來判斷是否要顯示。

user 這個變數走訪陣列 user1 的每個元素，然後經過 if 判斷是否會等於 Jake，如果等於 Jake 才會顯出其內容。

3.5 函式

函式，可以說是所有程式語言的精華所在，所有重複的邏輯，可以透過函式的封裝，將相同的邏輯只寫一次，然後可以到處重複使用，這個就是函式的最基本用法。

先來看一個函式的基本範例。首先，先宣告兩個變數 x 跟 y，型別都是數字：

```
01 <script>
02 export default {
03   name: 'App',
04   data() {
05     return {
06       x: 100,
07       y: 2,
08     };
09   },
10 };
11 </script>
```

第 06-07 行：宣告兩個變數 x=100 跟 y=2。

如果要將 x 跟 y 兩個變數做數學運算，例如相乘，可以這樣寫：

```
01 <template>
02   {{ x * y }}
03 </template>
04
05 <script>
06 export default {
07   name: 'App',
08   data() {
09     return {
10       x: 100,
11       y: 2,
12     };
13   },
```

```
14 };
15 </script>
```

第 02 行：將變數 x 乘以 y。

但是如果這兩個變數相乘的數學運算會用在兩個地方，可能會這樣寫：

```
01 <template>
02   {{ x * y }}
03   <br>
04   {{ x * y }}
05 </template>
06
07 <script>
08 export default {
09   name: 'App',
10   data() {
11     return {
12       x: 100,
13       y: 2,
14     };
15   },
16 };
17 </script>
```

但有沒有發現什麼問題？如果需要用這套數學運算在 10 個地方呢？會需要寫 10 次，又如果這個相乘的運算要修改成相加，是不是又要改 10 次？

其實不用這麼麻煩，函式在這個時候就派上用場，前面提到過函式就是將想要重複執行的邏輯封裝在一起。而在 Vue3 要使用函式，必須要使用 methods: {} 來宣告函式。

例如，宣告一個函式的寫法：

```
01 <script>
01 export default {
02   name: 'App',
03   data() {
04     return {
```

```
05        x: 100,
06        y: 2,
07      };
08    },
09    methods: {
10      myFunction() {
11        return this.x * this.y;
12        // 注意在這邊要用 this 來取得定義在 data() 內的變數
13      },
14    },
15  };
16  </script>
```

第 09-13 行：函式都必須要宣告在 methods{} 之內。

函式的寫法必須要使用一個額外的名字，在這邊範例是命名為 myFunction，而這個 myFunction 內部直接回傳 x 跟 y 的相乘結果，這邊要注意用 this 來取得宣告在 data() 內的兩個變數 x 跟 y。

所以在 `<template></template>` 內就可以直接呼叫這個函式的名稱：

```
01  <template>
02    {{ myFunction() }}
03  </template>
04
05  <script>
06  export default {
07    name: 'App',
08    data() {
09      return {
10        x: 100,
11        y: 2,
12      };
13    },
14    methods: {
15      myFunction() {
16        return this.x * this.y;
17      },
18    },
```

```
19 };
20 </script>
```

第 02 行：呼叫函式 myFunction。

這樣呼叫函式之後，就可以得到 x 跟 y 相乘的結果。

所以如果呼叫 10 次也不怕了：

```
01 <template>
02   {{ myFunction() }} <br>
03   {{ myFunction() }} <br>
04   {{ myFunction() }} <br>
05   {{ myFunction() }} <br>
06   {{ myFunction() }} <br>
07   {{ myFunction() }} <br>
08   {{ myFunction() }} <br>
09   {{ myFunction() }} <br>
10   {{ myFunction() }} <br>
11   {{ myFunction() }}
12 </template>
13
14 <script>
15 export default {
16   name: 'App',
17   data() {
18     return {
19       x: 100,
20       y: 2,
21     };
22   },
23   methods: {
24     myFunction() {
25       return this.x * this.y;
26     },
27   },
28 };
29 </script>
```

　　使用函式封裝程式邏輯的好處在於，如果因為某些原因要修改函式的內部邏輯，也只需要更改 myFunction() 內的程式邏輯。

　　最後，函式還可以將某一個值傳入給函式來使用：

```
01 <template>
02   {{ myFunction(100) }}
03 </template>
04
05 <script>
06 export default {
07   name: 'App',
08   data() {
09     return {
10       x: 100,
11       y: 2,
12     };
13   },
14   methods: {
15     myFunction: function (value) {
16       return this.x * this.y + value;
17     },
18   },
19 };
20 </script>
```

　　第 15 行：函式宣告一個參數，可以讓外部輸入。

　　第 02 行：呼叫函式時，多輸入一個數值 100。

　　在這邊傳入一個數值 100 給 myFunction，然後與 x 跟 y 的相乘結果相加起來，所以在這邊的例子會印出 300。

█ 3.6　表單處理

　　HTML 所提供的表單功能，有非常多的種類，例如輸入框、下拉選擇器等。
如何在這些表單的輸入種類與 Vue3 指令來做一個整合，本節將會一一說明。

3.6.1　input 輸入框

　　在網頁上最常使用的輸入方式就是表單，而這也是在網頁開發上最容易遇
到的需求。第一個最常使用的表單就是 input ，即為輸入框，先宣告一個 input：

```
01 <template>
02   <input type="text" />
03 </template>
```

　　要讓這個輸入框與 Vue3 的程式碼產生連結，會需要宣告一個變數，且型別
是字串：

```
01 <script>
02 export default {
03   name: 'App',
04   data() {
05     return {
06       name: '',
07     };
08   },
09 };
10 </script>
```

　　第 06 行：宣告一個變數 name。

　　這裡宣告了一個變數 name，初始值是空白。

　　而要讓變數 name 與 input 產生連結，也是使用變數綁定的方式，使用關鍵
字 v-model 來產生綁定，就是關聯這兩個部分：

```
01 <template>
02   <input type="text" v-model="name" />
03 </template>
```

第 02 行：使用 v-model 指令來綁定變數。

使用關鍵字 v-model 並且給予變數 name，就可以讓 name 與 input 綁定起來。

最後再把 name 顯示出來即可：

```
01 <template>
02   {{ name }} <br />
03   <input type="text" v-model="name" />
04 </template>
05
06 <script>
07 export default {
08   name: 'App',
09   data() {
10     return {
11       name: '',
12     };
13   },
14 };
15 </script>
```

切換到網頁時，在 input 輸入框，輸入文字時，神奇的事情發生了，name 會自動顯示其 input 內容的值，而這個就是 v-model 所綁定的效果。

還記得在 3.1 節裡有提到 Vue3 是一個響應式系統，在這裡就充分表達出這個系統的威力，無需另外制定更新的程式邏輯，在 input 所有的即時輸入，都因為 Vue3 的響應式系統，自動地呈現在網頁上。

3.6.2 input 輸入框相關函式

而除了使用 v-model 來進行變數綁定之外，Vue3 也針對了 v-model 提供額外的邏輯判斷。

例如 v-model.trim 可以去除前後空白：

```
01 <template>
02   {{ name }} <br />
03   <input type="text" v-model.trim="name" />
04 </template>
05
06 <script>
07 export default {
08   name: 'App',
09   data() {
10     return {
11       name: '',
12     };
13   },
14 };
15 </script>
```

所以當輸入框的前與後，有空白的字串，通通都會被過濾掉。

v-model.lazy 可以在輸入完畢才會將內容儲存起來，換句話說就是將游標跳出，input 輸入框才會將值更新到變數內：

```
01 <template>
02   {{ name }} <br />
03   <input type="text" v-model.lazy="name" />
04 </template>
05
06 <script>
07 export default {
08   name: 'App',
09   data() {
10     return {
11       name: '',
12     };
13   },
14 };
15 </script>
```

v-once 可以防止顯示的變數被更改，但其實只是不顯示被更新的值而已：

```
01 <template>
02   <p v-once>{{ message }}</p>
03   <br />
04   <input type="text" v-model="message" />
05 </template>
06
07 <script>
08 export default {
09   name: 'App',
10   data() {
11     return {
12       message: 'Hello',
13     };
14   },
15 };
16 </script>
```

v-pre 可以完全顯示標籤的內容，也就是在 `<p></p>` 裡面是什麼內容就顯示什麼內容：

```
01 <template>
02   <p v-pre>{{ name }}</p>
03   <br />
04   <input type="text" v-model="name" />
05 </template>
06
07 <script>
08 export default {
09   name: 'App',
10   data() {
11     return {
12       name: '',
13     };
14   },
15 };
16 </script>
```

以上這個例子就會顯示：

```
{{ name }}
```

3.6.3　多行的輸入文字框 Textarea

這個欄位的使用方式跟 input 欄位一樣，例如：

```
01 <template>
02   {{ text }} <br />
03   <textarea v-model="text" />
04 </template>
05
06 <script>
07 export default {
08   name: 'App',
09   data() {
10     return {
11       text: '',
12     };
13   },
14 };
15 </script>
```

這裡宣告一個變數 text，型別字串，初始化為空白，使用 v-model 綁定變數到 textarea。所以這裡會將 textarea 內所有的內容，自動更新到 text 變數內。

3.6.4　下拉式選單 select

下拉式選單的綁定變數的方式，一樣使用 v-model 指令，例如：

```
01 <template>
02   {{ selectValue }} <br />
03   <select v-model="selectValue">
04     <option value="">select</option>
05     <option value="1">1</option>
06     <option value="2">2</option>
```

```
07      <option value="3">3</option>
08    </select>
09  </template>
10
11  <script>
12  export default {
13    name: 'App',
14    data() {
15      return {
16        selectValue: '',
17      };
18    },
19  };
20  </script>
```

這裡宣告一個變數 selectValue，型別字串，初始化為空白，使用 v-model
綁定變數到 select。所以這裡會將 select 的 value 的值，存入到 selectValue 變數內。

3.6.5 單一選擇 checkbox

單一選擇的綁定變數的方式，一樣使用 v-model 指令。而不一樣的地方在
於變數的型別必須是布林值，例如：

```
01  <template>
02    {{ isCheck }} <br />
03    <input type="checkbox" v-model="isCheck" /> is check
04  </template>
05
06  <script>
07  export default {
08    name: 'App',
09    data() {
10      return {
11        isCheck: false,
12      };
13    },
14  };
15  </script>
```

這裡宣告一個變數 isCheck，型別布林，初始化為 false，使用 v-model 綁定變數到 checkbox。所以如果 checkbox 是勾選的狀態，isCheck 會被存入 true。checkbox 不是勾選的狀態，isCheck 就會被存入 false。

3.6.6　多選 checkbox

多選跟其它表單欄位的差別在於會使用陣列來綁定：

```
01 <template>
02   {{ checkbox }} <br />
03   <input type="checkbox" value="0" v-model="checkbox" /> 0
04   <input type="checkbox" value="1" v-model="checkbox" /> 1
05   <input type="checkbox" value="2" v-model="checkbox" /> 2
06   <input type="checkbox" value="3" v-model="checkbox" /> 3
07 </template>
08
09 <script>
10 export default {
11   name: 'App',
12   data() {
13     return {
14       checkbox: [],
15     };
16   },
17 };
18 </script>
```

這裡宣告一個變數 checkbox，型別陣列，初始化為空陣列，使用 v-model 綁定變數到 checkbox。所以這裡會將勾選 checkbox 內的 value 值，存入到 checkbox 陣列內。

3.6.7　單選 radio

單一選擇的綁定變數的方式，一樣使用 v-model 指令，例如：

```
01 <template>
02   {{ radio }} <br />
```

```
03    <input type="radio" value="0" v-model="radio" /> 0
04    <input type="radio" value="1" v-model="radio" /> 1
05    <input type="radio" value="2" v-model="radio" /> 2
06    <input type="radio" value="3" v-model="radio" /> 3
07 </template>
08
09 <script>
10 export default {
11   name: 'App',
12   data() {
13     return {
14       radio: '',
15     };
16   },
17 };
18 </script>
```

這裡宣告一個變數 radio，型別字串，初始化為空白，使用 v-model 綁定變數到 radio。所以這裡會將勾選 radio 內的 value 值，存入到 radio 變數內。

3.6.8 表單 submit

以上就是常見表單欄位的使用方法，但在一個正常的表單流程之中，填完所有欄位之後，會有一個送出按鈕，按下這個送出按鈕之後，資料才會送出去。但如果將所有表單欄位宣告出來的，會需要宣告一堆變數，在程式碼上很難維護，所以在實務上，會需要宣告一個結構變數來儲存所有的表單欄位變數：

```
01 <script>
02 export default {
03   name: 'App',
04   data() {
05     return {
06       formData: {
07         name: '',
08       },
09     };
10   },
```

```
11 };
12 </script>
```

　　宣告一個結構變數 formData 來宣告所有的表單變數，所以在 formData 裡面又宣告了一個 name 變數。

　　而這個結構變數的顯示方式就會變成：

```
01 <template>
02   {{ formData.name }}
03 </template>
```

　　把所有的表單欄位變數宣告完成：

```
01 <script>
02 export default {
03   name: 'App',
04   data() {
05     return {
06       formData: {
07         name: '',
08         text: '',
09         selectValue: '',
10         isCheck: false,
11         checkbox: [],
12         radio: '',
13       },
14     };
15   },
16 };
17 </script>
```

　　在 <template></template> 內宣告所有的表單欄位，但差別在於使用 v-model 進行綁定時，要修改成結構變數：

```
01 <template>
02   <input type="text" v-model="formData.name" />
03   <br />
```

```
04
05    <textarea v-model="formData.text" />
06    <br />
07
08    <select v-model="formData.selectValue">
09      <option value="">select</option>
10      <option value="1">1</option>
11      <option value="2">2</option>
12      <option value="3">3</option>
13    </select>
14    <br />
15
16    <input type="checkbox" v-model="formData.isCheck" /> is check
17    <br />
18
19    <input type="checkbox" value="0" v-model="formData.checkbox" /> 0
20    <input type="checkbox" value="1" v-model="formData.checkbox" /> 1
21    <input type="checkbox" value="2" v-model="formData.checkbox" /> 2
22    <input type="checkbox" value="3" v-model="formData.checkbox" /> 3
23    <br />
24
25    <input type="radio" value="0" v-model="formData.radio" /> 0
26    <input type="radio" value="1" v-model="formData.radio" /> 1
27    <input type="radio" value="2" v-model="formData.radio" /> 2
28    <input type="radio" value="3" v-model="formData.radio" /> 3
29    <br />
30 </template>
```

剩下最後一個步驟，宣告表單的按鈕：

```
<button @click="submit">送出</button>
```

在這裡會用關鍵字 @click 來將按鈕按下去的觸發事件與函式 submit 綁定。

在 methods 內宣告 submit 函式：

```
01 methods: {
02   submit() {
03     console.log(this.formData);
```

```
04   },
05 },
```

在這裡只要先將這個結構變數印出來就好,因為按照表單送出流程,會需要去呼叫 Server API 來做後續處理,在這個單元,先不講解如何呼叫 API,之後的單元再來慢慢討論。

以下是完整程式碼:

```
01 <template>
02   <input type="text" v-model="formData.name" />
03   <br />
04
05   <textarea v-model="formData.text" />
06   <br />
07
08   <select v-model="formData.selectValue">
09     <option value="">select</option>
10     <option value="1">1</option>
11     <option value="2">2</option>
12     <option value="3">3</option>
13   </select>
14   <br />
15
16   <input type="checkbox" v-model="formData.isCheck" /> is check
17   <br />
18
19   <input type="checkbox" value="0" v-model="formData.checkbox" /> 0
20   <input type="checkbox" value="1" v-model="formData.checkbox" /> 1
21   <input type="checkbox" value="2" v-model="formData.checkbox" /> 2
22   <input type="checkbox" value="3" v-model="formData.checkbox" /> 3
23   <br />
24
25   <input type="radio" value="0" v-model="formData.radio" /> 0
26   <input type="radio" value="1" v-model="formData.radio" /> 1
27   <input type="radio" value="2" v-model="formData.radio" /> 2
28   <input type="radio" value="3" v-model="formData.radio" /> 3
29
30   <button @click="submit"> 送出 </button>
```

```
31    <hr />
32
33    {{ formData }}
34  </template>
35
36  <script>
37  export default {
38    name: 'App',
39    data() {
40      return {
41        formData: {
42          name: '',
43          text: '',
44          selectValue: '',
45          isCheck: false,
46          checkbox: [],
47          radio: '',
48        },
49      };
50    },
51    methods: {
52      submit() {
53        console.log(this.formData);
54      },
55    },
56  };
57  </script>
```

3.7 元件

　　當程式碼越寫越多時，為了方便維護，會將共用的程式碼寫成一個一個的模組，稱為模組化。在 Vue3 的定義中，這個模組稱為 component，中文翻譯為「元件」或「組件」，本書會以「元件」來稱呼。

3.7.1 使用元件

先來看看一個基本的元件，新增一個檔案 MyHeader.vue，然後先寫上基本架構：

```
01 <template>
02   <h1>Hello Component</h1>
03 </template>
04
05 <script>
06 export default {
07   name: 'MyHeader',
08 };
09 </script>
```

注意，這裡的命名方式必須要兩個英文字來命名，而每個英文字的字首必須要為大寫，所以這裡才會命名為 MyHeader。

MyHeader.vue 這個檔案就是要用來元件化的檔案，在 Vue3 之中，將程式碼元件化的過程，就只是把共用的程式碼檔案分離出來而已，所以這個 MyHeader.vue 檔案就是要引用的元件檔案。

回到 App.vue，修改成最基本的架構：

```
01 <template>
02 </template>
03
04 <script>
05 export default {
06   name: 'App',
07 };
08 </script>
```

要引用其它檔案，必須要使用關鍵字 import，將 App.vue 修改成：

```
01 <template>
02 </template>
03
```

```
04 <script>
05 import Header from 'MyHeader.vue';
06
07 export default {
08   name: 'App',
09 };
10 </script>
```

第 05 行：引用 MyHeader.vue 元件。

由於 App.vue 與 MyHeader.vue 位在同一個目錄下，所以只要指定 'MyHeader.vue' 即可。

但這樣還不夠，import 完成，需要宣告這個模組，宣告模組的方式是使用關鍵字 components：

```
01 <template>
02 </template>
03
04 <script>
05 import MyHeader from 'MyHeader.vue';
06
07 export default {
08   name: 'App',
09   components: {
10     MyHeader,
11   },
12 };
13 </script>
```

第 09 行：模組初始化。

import 進來的元件檔案為 MyHeader，然後在 components 內宣告這個 MyHeader，這樣就可以在 <template></template> 中使用這個模組了。

在 <template></template> 內使用 MyHeader 模組：

```
01 <template>
02   <MyHeader />
```

```
03 </template>
04
05 <script>
06 import MyHeader from 'MyHeader.vue';
07
08 export default {
09   name: 'App',
10   components: {
11     MyHeader,
12   },
13 };
14 </script>
```

第 02 行：使用 MyHeader 模組。

最後，為了管理方便，通常都會將所有元件放到某個資料夾內。新增一個資料夾 components，將 MyHeader.vue 移入，import 的地方就必須修改成：

```
01 <template>
02   <MyHeader />
03 </template>
04
05 <script>
06 import MyHeader from './components/MyHeader.vue';
07
08 export default {
09   name: 'App',
10   components: {
11     MyHeader,
12   },
13 };
14 </script>
```

第 06 行：引用位於 components 資料夾下的 MyHeader.vue 元件。

'./components/MyHeader.vue' 表示指定在 components 這個資料夾下的 MyHeader.vue 檔案。

3.7.2 元件傳入參數

接下來要針對元件來進行一些操作，可以把資料傳給元件，那麼元件就必須要接收資料，修改 MyHeader.vue：

```
01 <template>
02   <h1>Hello Component</h1>
03   <p>{{ name }}</p>
04 </template>
05
06 <script>
07 export default {
08   name: 'MyHeader',
09   props: ['name'],
10 };
11 </script>
```

使用 probs 來接收外部資料。

probs 表示可以接收外部資料，這裡也宣告了一個變數 name 來進行接收，由於 probs 是陣列型別，所以等於可以接收多個外部資料。

所以呼叫元件時就可以傳入資料，修改 App.vue：

```
01 <template>
02   <MyHeader name="Jake" />
03 </template>
04
05 <script>
06 import MyHeader from './components/MyHeader.vue';
07
08 export default {
09   name: 'App',
10   components: {
11     MyHeader,
12   },
13 };
14 </script>
```

　　這裡也必須要確實使用 MyHeader.vue 元件所宣告的變數 name 來把資料傳入。

3.7.3　元件傳入參數使用變數

　　傳入資料到元件的方式，不一定只能傳資料，也可以傳入變數，看以下的例子：

```
01 <template>
02   <MyHeader :name="name" />
03 </template>
04
05 <script>
06 import MyHeader from './components/MyHeader.vue';
07
08 export default {
09   name: 'App',
10   components: {
11     MyHeader,
12   },
13   data() {
14     return {
15       name: 'Allan',
16     };
17   },
18 };
19 </script>
```

　　第 02 行：傳入變數 name 給元件。

　　第 15 行：宣告 name 變數為字串型別。

　　宣告變數 name，然後將 <MyHeader name="Jake" /> 修改成 <MyHeader :name="name" />，就表示變數 name 傳入給 MyHeader 元件，而這樣的寫法也符合 Vue3 的變數綁定方式。

3.7.4 元件傳入參數定義型別

而在元件內，也可以定義要傳入參數的型別，看以下的例子：

```
01 <template>
02   <h1>Hello Component2</h1>
03   <p>{{ name }}</p>
04 </template>
05
06 <script>
07 export default {
08   name: 'Header2',
09   props: {
10     // 定義型別
11     name: String,
12   },
13 };
14 </script>
```

第 11 行：定義變數的型別，變數 name 定義型別為字串。

此外，如果傳入元件的參數有缺少時，這個參數可以設定一個初始值，使得如果沒有參數傳入時，可以使用初始值來顯示，看以下的例子：

```
01 <template>
02   <h1>Hello Component</h1>
03   <p>{{ email }}</p>
04 </template>
05
06 <script>
07 export default {
08   name: 'MyHeader',
09   props: {
10     // 定義型別
11     email: {
12       type: String,
13       default: 'demo@demo',
14     },
15   },
```

```
16 };
17 </script>
```

第 13 行：定義變數的初始值為 demo@demo。

變數 email 除了定義型別之外，使用關鍵字 default 來給予初始值。

所以如果引用此元件時，不帶入參數：

```
01 <template>
02   <MyHeader />
03 </template>
04
05 <script>
06 import MyHeader from './components/ MyHeader.vue';
07
08 export default {
09   name: 'App',
10   components: {
11     MyHeader,
12   },
13 };
14 </script>
```

則網頁就會顯示 email 的初始值，也就是 demo@demo。

3.7.5　元件參數傳出

在 3.7.4 節，可以從上層傳資料給子元件，也就是由上而下。但有的時候會需要由下而上，也就是從子元件傳資料給上層。

首先在 components 資料夾內新增一個 MyView.vue 檔，宣告表單的輸入框：

```
01 <template>
02   <div>
03     <input type="text" v-model="text" />
04     <button>Send</button>
05   </div>
```

```
06 </template>
07
08 <script>
09 export default {
10   name: 'MyView',
11   data() {
12     return {
13       text: '',
14     };
15   },
16 };
17 </script>
```

第 13 行：宣告變數 text。

第 03 行：將變數 text 綁定到 input 輸入框。

然後在 App.vue 引用這個元件：

```
01 <template>
02   <MyView />
03 </template>
04
05 <script>
06 import MyView from './components/MyView.vue';
07
08 export default {
09   name: 'App',
10   components: {
11     MyView,
12   },
13 };
14 </script>
```

接下來回到 components/MyView.vue，要從元件內將傳資料給上層，使用關鍵字 emits 宣告傳出的變數名稱：

```
emits: ['viewText']
```

宣告一個 emits，給予一個陣列，裡面有一個變數 viewText。

然後在表單的按鈕呼叫這個 emits 內的變數，並且把資料傳入：

```
<button @click="$emit('viewText', text)">Send</button>
```

而這裡就是將變數 text 轉譯成 viewText 這個上層可以使用的變數名稱，來取得 text 的值。

完整的 MyView.vue 程式：

```
01 <template>
02   <div>
03     <input type="text" v-model="text" />
04     <button @click="$emit('viewText', text)">Send</button>
05   </div>
06 </template>
07
08 <script>
09 export default {
10   name: 'MyView',
11   emits: ['viewText'],
12   data() {
13     return {
14       text: '',
15     };
16   },
17 };
18 </script>
```

接下來再度回到 App.vue，宣告一個變數 text 來接收元件傳出來的資料：

```
01 <template>
02   <MyView />
03   <br />
04   {{ text }}
05 </template>
06
07 <script>
```

```
08 import MyView from './components/MyView.vue';
09
10 export default {
11   name: 'App',
12   components: {
13     MyView,
14   },
15   data() {
16     return {
17       text: '',
18     };
19   },
20 };
21 </script>
```

第 17 行：宣告變數 text。

最後，使用一個函式 getViewText，來接收資料：

```
01 <template>
02   <MyView @viewText="getViewText" />
03   <br />
04   {{ text }}
05 </template>
06
07 <script>
08 import MyView from './components/MyView.vue';
09
10 export default {
11   name: 'App',
12   components: {
13     MyView,
14   },
15   data() {
16     return {
17       text: '',
18     };
19   },
20   methods: {
```

```
21      getViewText(text) {
22        this.text = text;
23      },
24    },
25  };
26  </script>
```

第 21 行：宣告函式 getViewText，將輸入值給予變數 text。

<View @viewText="getViewText" /> 會將元件所傳出的變數名稱 viewText，給予函式 getViewText 來接收資料。如此一來，當按下按鈕時，元件內的表單變數 text，就可以傳出去給 App.vue 來接收了。

但目前為止，這個範例還是必須要透過一個按鈕才可以觸發事件，然後值才可以傳出去，能不能有自動偵測的方式做到？答案是可以的，元件可以自動把資料傳出給上層。

首先在 components 資料夾內新增一個 MyInput.vue 檔：

```
01  <template>
02    <input type="text" />
03  </template>
04
05  <script>
06  export default {
07    name: 'MyInput',
08  };
09  </script>
```

要將資料自動傳出，使用關鍵字 props：

```
01  <template>
02    <input type="text" />
03  </template>
04
05  <script>
06  export default {
07    name: 'MyInput',
```

```
08   props: {
09     modelValue: String, // modelValue 為系統名稱，不能自由命名
10   },
11 };
12 </script>
```

第 09 行：使用 modelValue 宣告為可以傳出的變數。

這裡要注意的是 modelValue 為系統名稱，不能自由命名。

接著在 input 內使用 value 來綁定 modelValue，等於是先將 input 內輸入的資料暫存起來，然後再透過

@input="$emit('update:modelValue', $event.target.value)" 這一段長長的指令將內容更新給上層：

```
01 <template>
02   <input
03     type="text"
04     :value="modelValue"
05     @input="$emit('update:modelValue', $event.target.value)"
06   />
07 </template>
08
09 <script>
10 export default {
11   name: 'MyInput',
12   props: {
13     modelValue: String,
14   },
15 };
16 </script>
```

第 04 行：使用 value 綁定到 modelValue。

第 05 行：當內容被更新時，會自動觸發更新給上層元件。

$emit 可以在元件內發出事件，而這裡帶入的事件就是 update:modelValue，

也就是表示當 modelValue 被更新時，會觸發這個事件，最後再使用 @input 來偵測是否有輸入內容。

回到 App.vue，宣告一個變數 name，然後直接使用 v-model 來綁定元件與變數 name 即可。

```
01 <template>
02   {{ name }}
03   <MyInput v-model="name" />
04 </template>
05
06 <script>
07 import MyInput from './components/MyInput.vue';
08
09 export default {
10   name: 'App',
11   components: {
12     MyInput,
13   },
14   data() {
15     return {
16       name: '',
17     };
18   },
19 };
20 </script>
```

如此一來，在表單的輸入框任意輸入內容，就會自動更新到上層。

3.7.6 元件 slot

元件可以幫助我們將一些共用的畫面切割出來並且可以重複使用，讓維護成本降低。但有的時候雖然使用了元件，但還是會需要一些畫面的微調，例如在元件內調整部分的顯示畫面，slot 可以幫助做到這件事情。

使用 slot 可以讓上層傳入 HTML 標籤，首先在 components 資料夾內新增一個 MyCard.vue：

```
01 <template>
02   <div>
03     <!-- 使用 slot 可以讓外部 HTML 傳入 -->
04     <slot></slot>
05   </div>
06 </template>
07
08 <script>
09 export default {
10   name: 'MyCard'
11 };
12 </script>
```

第 04 行：宣告 <slot></slot>。

slot 的法用就像使用 HTML 標籤一樣，<slot></slot> 就表示宣告了一組 slot。

然後在上層的 App.vue 引用這個元件時，可以傳入 HTML 相關標籤：

```
01 <template>
02   <MyCard>
03     <h2>Content</h2>
04   </MyCard>
05 </template>
06
07 <script>
08 import MyCard from './components/MyCard.vue';
09
10 export default {
11   name: 'App',
12   components: {
13     MyCard,
14   },
15 };
16 </script>
```

第 03 行：傳入給元件要顯示的 HTML 標籤。

之前引用元件是直接宣告 <MyCard />，有一個反斜線當作結尾，但是這裡會需要將完整的 HTML 標籤傳入給元件，就會需要改寫成 <MyCard></MyCard>，然後帶入 <h2> 標籤，在元件內就會顯示這個 <h2> 標籤。

此外，也可以傳入連結標籤 <a>：

```
01 <template>
02   <MyCard>
03     <h2>Content</h2>
04   </MyCard>
05   <MyCard>
06     <a href="">Link</a>
07   </MyCard>
08 </template>
09
10 <script>
11 import MyCard from './components/MyCard.vue';
12
13 export default {
14   name: 'App',
15   components: {
16     MyCard,
17   },
18 };
19 </script>
```

第 06 行：傳入給元件要顯示的超連結內容。

也可以指定某一個 slot 來傳入 HTML 標籤，回到 components/MyCard.vue：

```
01 <template>
02   <div>
03     <slot name="header">header</slot>
04     <slot name="content">content</slot>
05   </div>
06 </template>
07
```

```
08 <script>
09 export default {
10   name: 'MyCard',
11 };
12 </script>
```

第 03-04 行：slot 帶入 name，宣告這個 slot 的名稱。

然後在上層 App.vue，就可以指定要用哪一個 slot 來取代：

```
01 <template>
02   <MyCard>
03     <template v-slot:header>
04       <h1>My Header</h1>
05     </template>
06   </MyCard>
07 </template>
08
09 <script>
10 import MyCard from './components/MyCard.vue';
11
12 export default {
13   name: 'App',
14   components: {
15     MyCard,
16   },
17 };
18 </script>
```

第 03 行：使用 v-slot 關鍵字定義。

先使用 <template></template> 標籤來包覆傳入的 HTML 標籤，宣告關鍵字 v-slot 並且指定 header，就可以取代元件 slot 名稱為 header 的內容。

▌3.8 生命週期

生命週期指的就是一個 .vue 檔案，被瀏覽器載入完成所產生的一連串的執行順序，而這個執行順序有助於我們了解在哪個時間點適合執行的程式邏輯。

3.8.1 呼叫順序

除了先前幾個單元介紹的 data(){} 是宣告變數的地方，methods: {} 是宣告函式的地方，還有許多的其它的初始化的方法，如 beforeCreate、created、beforeMount、mounted，修改 App.vue：

```
01 <template>
02   <button @click="show">Load Component</button>
03   <MyComponent v-if="isShow" />
04   <br />
05 </template>
06
07 <script>
08 import MyComponent from './components/MyComponent.vue';
09
10 export default {
11   name: 'App',
12   components: {
13     MyComponent,
14   },
15   beforeCreate() {
16     console.log('beforeCreate');
17   },
18   created() {
19     console.log('created');
20   },
21   beforeMount() {
22     console.log('beforeMount');
23   },
24   mounted() {
25     console.log('mounted');
26   },
```

```
27    data() {
28      return {
29        isShow: false,
30      };
31    },
32    methods: {
33      show() {
34        this.isShow = !this.isShow;
35      },
36    },
37  };
38  </script>
```

第 08 行：引用外部 MyComponent 元件。

這裡引用了一個元件，並且把 beforeCreate、created、beforeMount、mounted 這些有關生命週期的函式通通宣告出來。而如果有這樣的宣告，其呼叫的順序會是：beforeCreate → created → beforeMount → mounted，也就是會先執行 beforeCreate 裡面的程式，然後才執行 created 裡面的程式，依序以此類推。

因為這裡有引用 MyComponent.vue 這個元件，如果這個元件內也有一樣的生命週期宣告，如：

```
01  <template>
02    <p>Component</p>
03  </template>
04
05  <script>
06  export default {
07    name: 'MyComponent',
08    beforeCreate() {
09      console.log('Component beforeCreate');
10    },
11    created() {
12      console.log('Component created');
13    },
14    beforeMount() {
15      console.log('Component beforeMount');
```

```
16   },
17   mounted() {
18     console.log('Component mounted');
19   },
20 };
21 </script>
```

那麼從上層到元件的呼叫的順序會變成是，beforeCreate → created → beforeMount → Component beforeCreate → Component created → Component beforeMount → Component created → mounted。

另外如果有元件引用，還可以再加入兩個生命週期，beforeUpdate 與 updated，修改 App.vue：

```
01 <template>
02   <button @click="show">Load Component</button>
03   <MyComponent v-if="isShow" />
04   <br />
05 </template>
06
07 <script>
08 import MyComponent from './components/MyComponent.vue';
09
10 export default {
11   name: 'App',
12   components: {
13     MyComponent,
14   },
15   beforeCreate() {
16     console.log('beforeCreate');
17   },
18   created() {
19     console.log('created');
20   },
21   beforeMount() {
22     console.log('beforeMount');
23   },
24   mounted() {
25     console.log('mounted');
```

```
26    },
27    beforeUpdate() {
28      console.log('beforeUpdate');
29    },
30    updated() {
31      console.log('updated');
32    },
33    data() {
34      return {
35        isShow: false,
36      };
37    },
38    methods: {
39      show() {
40        this.isShow = !this.isShow;
41      },
42    },
43  };
44  </script>
```

第 27-32 行：加入 beforeUpdate 與 updated 兩個函式。

另外在 components/MyComponent.vue 也加入 beforeUpdate 與 updated 兩個函式：

```
01  <template>
02    <p>Component</p>
03  </template>
04
05  <script>
06  export default {
07    name: 'MyComponent',
08    beforeCreate() {
09      console.log('Component beforeCreate');
10    },
11    created() {
12      console.log('Component created');
13    },
14    beforeMount() {
```

```
15      console.log('Component beforeMount');
16    },
17    mounted() {
18      console.log('Component mounted');
19    },
20    beforeUpdate() {
21      console.log('Component beforeUpdate');
22    },
23    updated() {
24      console.log('Component updated');
25    },
26  };
27  </script>
```

第 20-23 行：加入 beforeUpdate 與 updated 兩個函式。

因為 isShow 等於 false，所以還不會呼叫元件，那麼 App.vue 的呼叫順序為 beforeCreate → created → beforeMount → mounted。

按下按鈕之後的順序會變成：beforeUpdate → Component beforeCreate → Component created → Component beforeMount → Component created → updated。

3.8.2　生命週期用途

當 App.vue 這個檔案被顯示在網頁上，這個過程稱為 vue 的實體建立完成，所有變數與函式都已經完成宣告或執行。而從 3.8.7 節了解到第一個會執行的生命週期函式為 beforeCreate，當 beforeCreate 被呼叫時，所有的狀態與事件都尚未初始化，也就是無法取得宣告與事件的初始值。

來看以下的範例：

```
01  <template>
02    <p>{{ message }}</p>
03  </template>
04
05  <script>
```

```
06 export default {
07   data() {
08     return { message: 'Hello Vue3' }
09   },
10   beforeCreate() {
11     this.message = 'Hello Jake';
12   }
13 }
14 </script>
```

即使在 beforeCreate 內去修改宣告在 data() 內的變數 message,但網頁上依舊會呈現 Hello Vue3 的字串。

使用生命週期的好處是什麼?

就是可以分門別類要處理的邏輯,例如如果有呼叫 Server API 的話,通常會放在 created() 來呼叫。或者有 UI 的相關邏輯處理,會放在 mounted()。

例如這個頁面會在一開始就直接將 foucs 放在 input 內:

```
01 <template>
02   <input type="text" ref="inputRef" />
03 </template>
04
05 <script>
06 export default {
07   name: 'App',
08   mounted() {
09     console.log('mounted');
10
11     //UI 控制
12     this.$refs.inputRef.focus();
13   },
14 };
15 </script>
```

所以當網頁被完成打開時,網頁的焦點就會在 input 上。

▌3.9 監聽

　　Vue3 的響應式系統可以讓我們無後顧之憂的宣告變數，然後綁定到 HTML 標籤之上，而 watch 機制可以讓我們針對變數進行監聽，也就是變數有任何的變動，都可以做出想要的反應，來看看以下的例子。

　　首先，新增一個按鈕，這個按鈕按下去會呼叫一個函式：

```
01 <template>
02   {{ count }}
03   <br />
04   <button @click="addCount">Add Count</button>
05 </template>
06
07 <script>
08 export default {
09   name: 'App',
10   data() {
11     return {
12       count: 0,
13     };
14   },
15   methods: {
16     addCount() {
17       this.count += 1;
18     },
19   },
20 };
21 </script>
```

　　這個 button 加入一個 click 事件，會呼叫函式 addCount，而這個 addCount 會將變數 count 累加 1。相信有完整看過之前的單元，對這些語法內容一定不陌生。那麼要如何建立監聽事件？

　　監聽必須要使用關鍵字 watch，跟 methods 一樣，將要監聽的變數放入大括號內：

```
01 watch: {
02 },
```

由於這邊要監聽的是變數 count，所以將 watch 修改成：

```
01 watch: {
02   count(newValue, oldValue) {
03     console.log(newValue, oldValue);
04   },
05 },
```

count 會傳入兩個變數，newValue 與 oldValue 這兩個值。顧名思義，就是傳入 count 的上一次的值與目前最新的值。

所以如果按下按鈕一次，就會列印出：

```
1 0
```

如果按下按鈕 3 次，會列印出：

```
1 0
2 1
3 2
```

watch 可以監聽變數，監聽最新的值與上一次的值。所以完整的程式碼為：

```
01 <template>
02   {{ count }}
03   <br />
04   <button @click="addCount">Add Count</button>
05 </template>
06
07 <script>
08 export default {
09   name: 'App',
10   data() {
11     return {
12       count: 0,
13     };
```

```
14    },
15    methods: {
16      addCount() {
17        this.count += 1;
18      },
19    },
20    watch: {
21      count(newValue, oldValue) {
22        console.log(newValue, oldValue);
23      },
24    },
25 };
26 </script>
```

此外，watch 也可以監聽物件變數，宣告一個物件變數 user，裡面再宣告一個字串 name：

```
01 <template>
02   <input type="text" v-model="user.name" />
03 </template>
04
05 <script>
06 export default {
07   name: 'App',
08   data() {
09     return {
10       user: {
11         name: '',
12       },
13     };
14   },
15 };
16 </script>
```

而監聽物件變數需要使用關鍵字 handler，並且設定 deep 為 true，才能有作用：

```
01 <template>
02   <input type="text" v-model="user.name" />
```

```
03 </template>
04
05 <script>
06 export default {
07   name: 'App',
08   data() {
09     return {
10       user: {
11         name: '',
12       },
13     };
14   },
15   watch: {
16     user: {
17       handler(newValue) {
18         console.log(newValue);
19       },
20       deep: true, // 要監聽物件時，要設定才會起作用
21     },
22   },
23 };
24 </script>
```

所以回到網頁上，在這個輸入框輸入三次 1，就會列印出：

```
{name: "1"}
{name: "11"}
{name: "111"}
```

最後，陣列也可以被 watch，宣告一個陣列 items，並且監聽這個陣列：

```
01 <template>
02   <button @click="addItem">Add item</button>
03 </template>
04
05 <script>
06 export default {
07   name: 'App',
08   data() {
```

```
09    return {
10      items: [],
11    };
12  },
13  methods: {
14    addItem() {
15      this.items.push('test');
16    },
17  },
18  watch: {
19    items: {
20      handler(newValue) {
21        console.log(newValue);
22      },
23      deep: true, // 要監聽陣列時，要設定才會起作用
24    },
25  },
26 };
27 </script>
```

　　一樣在 watch 內加入監聽的 handler，並且設定 deep 為 true，監聽陣列時，才能有作用。

　　所以回到網頁上，在這個按鈕按下三次，就會列印出：

```
["test"]
["test", "test"]
["test", "test", "test"]
```

　　watch 可以用在當需要變數的某一個值被觸發時，例如當數值累加到 10 會跳出警告等。

3.10 模組化

　　元件可以讓我們分割重複的 HTML 標籤，以達到共用的方法，而模組就是分割重複的程式邏輯，用以達到共用的方法。來看以下的例子：

首先，先宣告一個按鈕，這個按鈕按下去，會將變數 count 累加 1：

```
01 <template>
02   {{ count }}
03   <button @click="incrementCount">Add Count</button>
04 </template>
05
06 <script>
07 export default {
08   name: 'App',
09   data() {
10     return {
11       count: 100,
12     };
13   },
14   methods: {
15     incrementCount() {
16       this.count += 1;
17     },
18   },
19 };
20 </script>
```

上述的方法是常見的做法，這個時候如果在別的 .vue 檔案也需要這個累加 1 的函式，也就是需要呼叫這個 incrementCount 函式，總不可能重複在另外一個 .vue 寫上這個 incrementCount 的程式邏輯，那也只會造成日後維護的困難度增加而已。

所以模組化的功能就可以在這裡使用到，把 incrementCount 這個函式先獨立出來另外一個程式檔案，新增一個程式檔案 Count.js：

```
01 export default {
02   data() {
03     return {
04       count: 0,
05     };
06   },
07   methods: {
```

```
08    incrementCount() {
09      this.count += 1;
10    },
11  },
12 };
```

Count.js 宣告一個 incrementCount() 函式，這個函式會把變數 count 進行累加。注意到這裡的寫法也是一樣遵循 Vue3 的語法結構。

回到 App.vue 就可以使用引用的方式來呼叫這個函式，修改 App.vue：

```
01 <template>
02   {{ count }}
03   <button @click="incrementCount">Add Count</button>
04 </template>
05
06 <script>
07 import Count from './Count';
08
09 export default {
10   name: 'App',
11
12   // 加入模組
13   mixins: [Count],
14 };
15 </script>
```

import Count from './Count'; 會將 Count.js 程式檔案引用進來，並且使用 Count 這個名字。然後宣告 mixins ，將所引用的 Count 加入。所以按下按鈕之後，依然可以累加 1，並且呈現出來。

▌ 3.11 實務應用

接下來這個單元將會利用本章所介紹的所有內容，來做一個簡單的「登入」系統。然而在這個範例之中，先不要理會 CSS 樣式的使用，只會說明 HTML 與 Vue3 之間的邏輯互動。

首先先創建一個 Vue3 的專案，這裡可以回頭去參考 2.3 節的方式來建立一個全新的專案。

因為是做一個登入系統，所以必須要有兩個輸入框，直接修改 App.vue，加入兩個輸入框：

```
01 <template>
02   <input type="text" placeholder="Email">
03   <br>
04   <input type="password" placeholder="Password">
05 </template>
```

第 02 行：輸入 Email 的輸入框。

第 04 行：輸入密碼的輸入框。

第 03 行：剛剛有提到先不要理會 CSS 樣式的使用，所以這裡使用
 來產生換行。

在程式邏輯之中，宣告兩個變數來儲存這兩個輸入框：

```
01 <script>
02 export default {
03   data() {
04     return {
05       email: '',
06       password: '',
07     }
08   }
09 }
10 </script>
```

第 05 行：宣告一個變數，用來儲存 email。

第 06 行：宣告一個變數，用來儲存 password。

將兩個輸入框與這兩個變數進行變數綁定：

```
01 <template>
02   <input type="text" placeholder="Email" v-model="email">
03   <br>
04   <input type="password" placeholder="Password" v-model="password">
05
06   <br>
07   {{ email }}
08   <br>
09   {{ password }}
10 </template>
```

第 02 行：綁定到 email 變數上。

第 04 行：綁定到 password 變數上。

第 02-09 行：可以試試看將變數顯示出來，測試當輸入框輸入值時，是否有顯示出來。

加入一個按鈕來觸發登入的事件：

```
01 <template>
02   <input type="text" placeholder="Email" v-model="email">
03   <br>
04   <input type="password" placeholder="Password" v-model="password">
05   <br>
06   <input type="button" value=" 送出 ">
07 </template>
```

第 06 行：加入一個按鈕。

宣告一個函式，用來處理登入按鈕的觸發事件：

```
01 <script>
02 export default {
03   data() {
04     return {
05       email: '',
06       password: '',
```

```
07      }
08    },
09    methods: {
10      submit() {
11        console.log(this.email, this.password);
12      },
13    },
14 }
15 </script>
```

第 09-13 行：在 methods 裡加入一個函式為 submit。

在這個 submit 函式會將兩個輸入框儲存起來，在這裡會將變數儲存到 HTML 內建的儲存機制稱為 localStorage：

```
01 submit() {
02   localStorage.setItem('email', this.email);
03   localStorage.setItem('password', this.password);
04 },
```

第 02 行：將變數 email，儲存到 localStorage 裡，並且一樣使用變數 email 來儲存。

第 03 行：將變數 password，儲存到 localStorage 裡，並且一樣使用變數 password 來儲存。

到目前為止，只要在網頁上的輸入框輸入任一值，並且按鈕按鈕，都會將直儲存到 localStorage 內。接下來網頁重新啟用時，必須要去 localStorage 內讀取這兩個值來加以判斷是否有登入。

在生命週期的 mounted 中，存取 localStorage 內的這兩個變數：

```
01 mounted() {
02   this.email = localStorage.getItem('email');
03   this.password = localStorage.getItem('password');
04 },
```

第 02 行：讀取 localStorage 裡的 email。

第 03 行：讀取 localStorage 裡的 password。

接下來新增一個變數用來判斷是否成功登入，只要 email 跟 password 符合就表示登入成功：

```
01 data() {
02   return {
03     email: '',
04     password: '',
05     isLogin: false,
06   }
07 },
08 mounted() {
09   this.email = localStorage.getItem('email');
10   this.password = localStorage.getItem('password');
11   if (this.email == 'admin' && this.password == '111111') {
12     this.isLogin = true;
13   }
14 },
```

第 05 行：宣個一個變數 isLogin，初始值為 false。

第 11 行：使用 if 判斷式來判斷是否符合 email 與密碼，只要 emial 等於 admin 且 password 等於 111111，就登入成功，也會將 isLogin 設定為 true。

回到顯示範圍，使用 v-if 判斷式，來分別呈現登入成功與登入前的顯示內容：

```
01 <template>
02   <div v-if="isLogin">
03     <p> 登入成功 </p>
04     <input type="button" value=" 登出 " @click="logout">
05   </div>
06   <div v-else>
07     <input type="text" placeholder="Email" v-model="email">
08     <br>
09     <input type="password" placeholder="Password" v-model="password">
10     <br>
```

```
11      <input type="button" value=" 送出 " @click="submit">
12    </div>
13 </template>
```

第 02-05 行：判斷 isLogin 如果為 true，就顯示這個 div 標籤內的內容。

第 06-12 行：否則 isLogin 如果為 false，就顯示這個 div 標籤內的內容。

第 04 行：加入一個登出按鈕。

由於加入了登出這個按鈕，所以其觸發的函式為：

```
01 logout() {
02   localStorage.setItem('email', '');
03   localStorage.setItem('password', '');
04   this.isLogin = false;
05 },
```

第 02 行：將 localStorage 裡的 email 清除。

第 03 行：將 localStorage 裡的 password 清除。

第 04 行：設定 isLogin 為 false。

由於檢查登入的機制，在網頁一開始載入時會檢查之外，按下登入按鈕也會檢查，所以將這個登入判斷額外拉出來寫在另外一個函式裡：

```
01 checkLogin() {
02   if (this.email == 'admin' && this.password == '111111') {
03     this.isLogin = true;
04   }
05 },
```

完整程式碼：

```
01 <template>
02   <div v-if="isLogin">
03     <p> 登入成功 </p>
04     <input type="button" value=" 登出 " @click="logout">
```

```
05    </div>
06    <div v-else>
07      <input type="text" placeholder="Email" v-model="email">
08      <br>
09      <input type="password" placeholder="Password" v-model="password">
10      <br>
11      <input type="button" value=" 送出 " @click="submit">
12    </div>
13  </template>
14
15  <script>
16  export default {
17    data() {
18      return {
19        email: '',
20        password: '',
21        isLogin: false,
22      }
23    },
24    mounted() {
25      this.email = localStorage.getItem('email');
26      this.password = localStorage.getItem('password');
27      this.checkLogin();
28    },
29    methods: {
30      checkLogin() {
31        if (this.email == 'admin' && this.password == '111111') {
32          this.isLogin = true;
33        }
34        else {
35          this.isLogin = false;
36        }
37      },
38      submit() {
39        localStorage.setItem('email', this.email);
40        localStorage.setItem('password', this.password);
41        this.checkLogin();
42        if (!this.isLogin) {
43          alert(' 登入失敗 ');
```

```
44        }
45      },
46      logout() {
47        localStorage.setItem('email', '');
48        localStorage.setItem('password', '');
49        this.isLogin = false;
50      },
51    },
52  }
53  </script>
```

3.12 本章重點摘要

回顧一下本章重點：

3.1 變數綁定

- 如何宣告變數。

- 如何將變數綁定到 HTML 標籤上。

3.2 樣式綁定

- 如何宣告 CSS 樣式的變數。

3.3 if 判斷式

- 如何使用 if 判斷式。

3.4 for 迴圈

- 如何使用 for 迴圈。

3.5 函式

- 如何宣告函式。

3.6 表單處理

- 如何使用基礎表單。

- 如何將表單欄位與變數綁定。

3.7 元件

- 如何使用元件。

- 如何將參數傳給元件。

- 如何將元件結果傳回給父元件。

3.8　生命週期

- 內建的函示執行順序。

3.9　監聽

- 如何讓變數進入監聽狀態。

3.10 模組化

- 使用將程式碼切割成模組。

3.11 實務應用

- 實作出一個登入頁面。

第 4 章

Composition 語法

　　在第 3 章已經完整說明 Option 的語法結構，相信讀者對於 Vue3 的語法已經非常熟悉了，這一章會使用 Composition 的語法來從頭開始介紹。

建議讀者可以先從 2.3 節介紹的創建專案，來建立一個全新的專案來練習。因為本章的每一個小節都可以視為獨立的單元，讀者如果要實作練習的話，都可以先使用 2.3 節介紹的方式建立一個全新的專案，然後再來實作每一個單元。

4.1 變數綁定

讓我們從頭開始，從變數綁定開始，使用 Composition API 進行變數綁定，必須要在 setup() 內宣告變數，而宣告變數的方式也大有不同，例如：

```
01 <template>
02   {{ name }}
03 </template>
04
05 <script>
06 import { ref } from 'vue';
07
08 export default {
09   name: 'App',
10   setup() {
11     const name = ref('');
12     return {
13       name,
14     };
15   },
16 };
17 </scr3ipt>
```

使用 Composition 宣告變數要用 ref 來初始化，而 ref 必須要先引用才可以使用，所以在第 6 行引用 ref。剛剛也提到過變數的宣告必須要在 setup() 內部宣告，在第 11 行宣告變數 name，型別是字串，初始化給予空白字串。跟使用 Option API 的方法一樣，變數都必須要透過 return，輸出給 <template> 標籤使用，所以從第 12 行到第 14 行內，透過 return 將變數 name 輸出。

　　如果要修改這個變數的話，並不能直接將變數指定新的值，而是用透過設定 value 來重新給予新的值，例如：

```
01 <template>
02   {{ name }}
03 </template>
04
05 <script>
06 import { ref } from 'vue';
07
08 export default {
09   name: 'App',
10   setup() {
11     const name = ref('');
12
13     // 設定值要使用 value
14     name.value = 'Jake';
15
16     return {
17       name,
18     };
19   },
20 };
21 </script>
```

　　上面的範例了解到如何宣告單一變數，而在結構變數的宣告也與 Option API 有所不同，例如：

```
01 <template>
02   {{ user.id }} {{ user.name }}
03 </template>
04
05 <script>
06 import { reactive } from 'vue';
07
08 export default {
09   name: 'App',
10   setup() {
11     const user = reactive({
```

```
12      id: 0,
13      name: '',
14    });
15    return {
16      user,
17    };
18   },
19 };
20 </script>
```

要宣告結構變數必須要使用關鍵字 reactive，如第 11 行宣告 reactive() ，然後將變數宣告在 reactive 之內，而宣告在 reactive 內的變數就不用特別使用關鍵字 ref 了。另外使用 reactive 時，也不要忘記要先引用進來可以使用，如第 6 行。

而如果要修改結構變數的話與 ref 變數不同，不需要使用 value 來給予新的值，例如：

```
01 <template>
02   {{ user.id }} {{ user.name }}
03 </template>
04
05 <script>
06 import { reactive } from 'vue';
07
08 export default {
09   name: 'App',
10   setup() {
11     const user = reactive({
12       id: 0,
13       name: '',
14     });
15
16     user.id = 1;
17     user.name = 'Allan';
18
19     return {
20       user,
21     };
22   },
```

```
23 };
24 </script>
```

在第 16 行與第 17 行，修改 user 這個結構變數時，不需要使用 value，而是直接指定結構內的變數即可。

使用 Composition API 還可以將 setup() 省略，例如：

```
01 <template>
02   <p>{{ name }}</p>
03 </template>
04
05 <script setup>
06 import { ref } from 'vue';
07
08 const name = ref('');
09
10 name.value = 'Jake';
11 </script>
```

在第 5 行中，把 setup 關鍵字與 <script> 標籤合併宣告，最後就可以省略 setup() 與 return 的相關程式碼。

所以重新複習一下 Option 與 Composition API，兩者宣告變數的方式如下。

Option API 宣告變數的方法，例如：

```
01 <template>
02   <p>{{ message }}</p>
03 </template>
04
05 <script>
06 export default {
07   data() {
08     return { message: 'Hello Vue3' }
09   },
10 }
11 </script>
```

Composition API 宣告變數的方法，例如：

```
01 <template>
02   <p>{{ message }}</p>
03 </template>
04
05 <script>
06 import { ref } from 'vue';
07 export default {
08   setup() {
09     const message = ref('Hello Vue3');
10     return {
11       message
12     }
13   },
14 }
15 </script>
```

　　兩者的差別可以很明顯的比較出來，但在這裡還沒有辦法理解到如果全部使用 Composition API 所帶來的好處，將會在後續的章節陸續討論，讀者才能夠徹底理解這其中的差別所在。

　　最後，Option 與 Composition API 兩者的語法是否可以共存在同一份程式檔案中呢？答案是可以的，來看看以下的例子：

```
01 <template>
02   <p>{{ message1 }}</p>
03   <p>{{ message2 }}</p>
04 </template>
05
06 <script>
07 import { ref } from 'vue';
08 export default {
09   data() {
10     const message1 = 'Hello Vue3';
11
12     return {
13       message1,
14     }
```

```
15   },
16   setup() {
17     const message2 = ref('Hello Vue3');
18     return {
19       message2
20     }
21   },
22 }
23 </script>
```

在這個例子之中，同時使用的兩者的變數宣告方式，這樣是可行的。但要注意的是，雖然兩者分屬不同 API 階層，但如果同時使用，會共享相同的生命週期，所以變數名稱就不能相同。在這裡分別使用 message1 與 message2 來命名。

但是在實務上來說，會強烈不建議同時使用這兩種開發方式，兩邊都有變數宣告，一些變數宣在 data() 內，一些變數宣告在 setup() 內，如果變數一旦變多，維護會變得相當困難。

4.2 函式

使用 Composition API，不管是宣告變數或函式，一律都會在 setup() 內部宣告，例如：

```
01 <script>
02 import { ref } from 'vue';
03
04 export default {
05   setup() {
06     const count = ref(0);
07
08     function incrementCount() {
09       count.value++;
10     }
11
12     return {
13       count,
```

```
14      incrementCount,
15    };
16  },
17 };
18 </script>
```

在這裡宣告了一個函式 incrementCount()，會將變數 count 累加 1 。而在修改 count 時，不要忘記使用 value 來重新給予新的值。另外 return 時，也一併要將 incrementCount 這個函式 return 出去，在 <template></template> 標籤內才可以呼叫得到。

在 <template></template> 內加上 button：

```
01 <template>
02   <p>{{ count }}</p>
03   <button @click="incrementCount">button</button>
04 </template>
05
06 <script>
07 import { ref } from 'vue';
08
09 export default {
10   setup() {
11     const count = ref(0);
12
13     function incrementCount() {
14       count.value++;
15     }
16
17     return {
18       count,
19       incrementCount,
20     };
21   },
22 };
23 </script>
```

button 透過 click 來綁定 incrementCount 函式，所以當 button 被按下時，就會呼叫 incrementCount 函式，然後將 count 進行加 1 的動作。

如果要讓函式可以修改用 reactive 宣告的變數，把變數更改成結構變數，例如：

```
01 <template>
02   <p>{{ state.count }}</p>
03   <button @click="incrementCount">button</button>
04 </template>
05
06 <script>
07 import { reactive } from 'vue';
08
09 export default {
10   setup() {
11     const state = reactive({
12       count: 0,
13     });
14
15     function incrementCount() {
16       state.count++;
17     }
18
19     return {
20       state,
21       incrementCount,
22     };
23   },
24 };
25 </script>
```

第 11 行到第 12 行，宣告了一個結構變數 state 裡面有一個變數 count，所以 incrementCount() 函式在修改結構變數 state.count 就不需要使用 value 了。

最後，一樣來比較 Option 與 Composition API，兩者宣告函式的方式如下。

Option API 宣告函式的方法，例如：

```
01 <script>
02 export default {
03   data() {
04     return {
05       count: 0,
06     };
07   },
08   methods: {
09     incrementCount() {
10       return this.count++;
11     },
12   },
13 };
14 </script>
```

Composition API 宣告函式的方法：

```
01 <script>
02 import { ref } from 'vue';
03
04 export default {
05   setup() {
06     const count = ref(0);
07
08     function incrementCount() {
09       count.value++;
10     }
11
12     return {
13       count,
14       incrementCount,
15     };
16   },
17 };
18 </script>
```

從這邊就可以很清楚理解 Option 與 Composition API 的差距是越來越明顯，
Option API 在宣告函式時，必須要在 methods 內宣告，等同於多宣告 methods 來包覆函式。而 Composition API 可以同時在 setup 內宣告變數與函式，如此在程式邏輯設計上會更加方便，維護上也會更容易。

4.3 表單處理

從前兩個單元可以了解到在 Composition API 宣告變數的方式有兩種，分別是一般變數的 ref 方式與結構變數的 reactive 方式，在這兩個方式之下，關於表單的變數綁定方式又有何不同呢？來看看以下的例子。

宣告一個 ref 變數與表單的 input 輸入框，例如：

```
01 <template>
02   {{ name }}
03   <input type="text" v-model="name" />
04 </template>
05
06 <script>
07 import { ref } from 'vue';
08
09 export default {
10   setup() {
11     const name = ref('');
12
13     return {
14       name,
15     };
16   },
17 };
18 </script>
```

ref 的變數跟 input 進行綁定時，與使用 Option API 並沒有任何不同，一樣使用 v-model 的方式進行變數綁定。

宣告一個 reactive 變數與表單的 input 輸入框：

```
01 <template>
02   {{ email }}
```

```
03    <input type="text" v-model="email" />
04  </template>
05
06  <script>
07  import { reactive, toRefs } from 'vue';
08
09  export default {
10    setup() {
11      const user = reactive({
12        email: '',
13      });
14
15      return {
16        ...toRefs(user),
17      };
18    },
19  };
20  </script>
```

reactive 變數要跟 input 進行綁定之前，要先使用 ...toRefs 封裝起來，然後使用 v-model 的方式進行變數綁定。

4.4 元件

在引用元件的方式，Option 與 Composition API 的使用方式皆一樣，這個單元就不多做討論。但是在參數的傳入與傳出就完全不同，來看看以下的例子。

首先，先新增一個元件檔案 MyComponent.vue，檔案放在 /components/ MyComponent.vue:

```
01  <template>
02    {{ thisName }}
03    <br />
04    <button @click="sendValue"> 傳出 </button>
05  </template>
06
07  <script>
```

```
08 import { ref, onMounted } from 'vue';
09
10 export default {
11   props: ['name'],
12   setup(props) {
13     const thisName = ref('');
14
15     onMounted(() => {
16       thisName.value = props.name;
17     });
18
19     return {
20       thisName,
21     };
22   },
23 };
24 </script>
```

　　在這個元件檔案中，宣告 props 來接收外部傳進來的值，而這邊又宣告一個 ['name']，表示外部會使用 name 這個變數傳值進來，使用陣列的方式表示可以宣告多個變數。

　　props.name 就表示接收 name 這個從外部傳進來的變數，然後儲存到 thisName，而這裡儲存的時間點使用 onMounted 的生命週期。

　　回到 <template></template> 裡，宣告一個按鈕 <button @click="sendValue"> 傳出 </button>，用意在於這個按鈕按下去時，可以觸發上層，也就是外部的函式，這個稍後會解釋。

　　回到 App.vue，引用這個 MyComponent.vue 元件：

```
01 <template>
02   <MyComponent :name="name" />
03 </template>
04
05 <script>
06 import { ref } from 'vue'
07 import MyComponent from './components/MyComponent.vue'
```

```
08
09 export default {
10   components: {
11     MyComponent,
12   },
13   setup() {
14     const name = ref('Jake');
15
16     return {
17       name,
18     }
19   }
20 }
21 </script>
```

　　引用元件的方式與 Option API 一樣，在第 07 行與第 11 行可以得知。此外，因為元件宣告可以傳入的參數名稱為 name，所以在第 02 行宣告 <MyComponent :name="name" />，就表示傳入 name 這個變數給元件。

　　回 到 /components/MyComponent.vue，剛剛有提到 <button @click="send-Value"> 傳出 </button> 的 sendValue 會觸發外部函式，但要如何呼叫外部的函式呢？

　　修改 /components/MyComponent.vue：

```
01 <template>
02   {{ thisName }}
03   <br />
04   <button @click="sendValue"> 傳出 </button>
05 </template>
06
07 <script>
08 import { ref, onMounted } from 'vue'
09 export default {
10   name: 'Component',
11   props: ['name'],
12   emits: ['getName'],
13
14   setup(props, context) {
```

```
15    const thisName = ref('');
16
17    onMounted(() => {
18      console.log("onMounted", props.name);
19      thisName.value = props.name;
20    });
21
22    function sendValue() {
23      context.emit('getName', thisName.value);
24    }
25
26    return {
27      thisName,
28      sendValue,
29    };
30  },
31 };
32 </script>
```

按鈕 <button @click="sendValue"> 傳出 </button> 按下時會呼叫 sendValue
這個函式，而在 sendValue() 之中，使用 emit 將變數回傳出去，這邊回傳出去的
變數為 thisName，然後外部也就是上層，就必須要用 getName 這個變數來接收。

最後回到 App.vue 修改如下：

```
01 <template>
02   <Component :name="name" @getName="getName" />
03 </template>
04
05 <script>
06 import { ref } from 'vue'
07 import Component from './components/Component.vue'
08
09 export default {
10   name: 'App',
11   components: {
12     Component,
13   },
14   setup() {
```

```
15    const name = ref('Jake');
16
17    function getName(value) {
18      alert(value)
19    }
20
21    return {
22      name,
23      getName,
24    }
25  }
27 }
28 </script>
```

在 第 02 行 之 中，<MyComponent :name="name" @getName="getName" />
使用 @getName 來進行變數綁定，只不過這裡綁定的不是變數，而是 getName
函式。所以在第 17 行到第 19 行中，宣告 getName 這個函式，它所傳入的參數
就是從元件透過 emit 所傳出來的。

▌ **4.5　生命週期**

從前面的單元可以了解到，使用 Composition API 時，不管是變數或者函
式，都會宣告在 setup() 之內。生命週期也不例外，但會更加精簡，縮減為只
剩 下 onBeforeMount、onMounted、onBeforeUpdate、onUpdated、onBefore-
Unmount、onUnmounted 這些生命週期可以呼叫。

來看以下的例子：

```
01 <script>
02 import {
03   onBeforeMount,
04   onMounted,
05   onBeforeUpdate,
06   onUpdated,
07   onBeforeUnmount,
08   onUnmounted,
```

```
09 } from 'vue';
10
11 export default {
12   setup() {
13     onBeforeMount(() => {
14       console.log('onBeforeMount');
15     });
16     onMounted(() => {
17       console.log('onMounted');
18     });
19     onBeforeUpdate(() => {
20       console.log('onBeforeUpdate');
21     });
22     onUpdated(() => {
23       console.log('onUpdated');
24     });
25     onBeforeUnmount(() => {
26       console.log('onBeforeUnmount');
27     });
28     onUnmounted(() => {
29       console.log('onUnmounted');
30     });
31   },
32 };
33 </script>
```

此外，在使用 Composition API 的生命週期時，必須要先引用才可以使用，如第 03 行到第 08 行所述。

就跟 Option API 一樣，可以將與 UI 邏輯相關的程式放在 onMounted 裡，例如：

```
01 <template>
02   <input type="text" ref="inputRef" />
03 </template>
04
05 <script>
06 import { onMounted, ref } from 'vue';
```

```
07
08 export default {
09   setup() {
10     const inputRef = ref(null);
11
12     onMounted(() => {
13       console.log('onMounted');
14
15       // 測試 onMounted
16       inputRef.value.focus();
17     });
18
19     return {
20       inputRef,
21     };
22   },
23 };
24 </script>
```

在這裡使用 inputRef.value.focus(); 一樣是網頁呈現完成後，可以直接將網頁鎖定在 <input type="text" ref="inputRef" /> 這個輸入框。

▌ 4.6 監聽

在監聽的使用上，也必須要在 setup() 內宣告監聽的方法。

例如：

```
01 <template>
02   <input type="text" v-model="name" />
03 </template>
04
05 <script>
06 import { ref } from 'vue';
07
08 export default {
09   setup() {
```

```
10    const name = ref('Jake');
11
12    return {
13      name,
14    };
15  },
16 };
17 </script>
```

第 06 行：宣告變數 name 初始值為 Jake。

如果要針對變數 name 來進行監聽時，修改如下：

```
01 <template>
02   <input type="text" v-model="name" />
03 </template>
04
05 <script>
06 import { ref, watch } from 'vue';
07
08 export default {
09   setup() {
10     const name = ref('Jake');
11
12     watch(name, (newValue, oldValue) => {
13       console.log(newValue, oldValue);
14     });
15
16     return {
17       name,
18     };
19   },
20 };
21 </script>
```

在第 06 行中，先引用 watch。然後在第 12 行中使用 watch 函式，帶入要監聽的變數名稱，就可以得到監聽時的變數變化。newValue 表示監聽到最新的值，oldValue 表示監聽到最新的值的前一個值。

　　那如果要監聽好幾個變數，是不是就會需要寫好幾個 watch ？其實不用這麼麻煩，可以使用多個變數的監聽方式，例如：

```
01 <template>
02   <input type="text" v-model="name" />
03   <input type="text" v-model="email" />
04 </template>
05
06 <script>
07 import { ref, watch } from 'vue';
08
09 export default {
10   setup() {
11     const name = ref('Jake');
12     const email = ref('');
13
14     watch(
15       [name, email],
16       (newValue, oldValue) => {
17         console.log('name', newValue[0], oldValue[0]);
18         console.log('email', newValue[1], oldValue[1]);
19       },
20       {
21         immediate: true, // 如果變數一開始有值，就會被 watch
22       }
23     );
24
25     return {
26       name, email,
27     };
28   },
29 };
30 </script>
```

　　第 14 行到第 23 行，一樣使用 watch 函式，要監聽的變數修改成陣列，這個陣列將要監聽的變數通通帶入。所以 newValue 與 oldValue 就會回傳陣列，指定陣列的位址可以得到相對應的變數，如 newValue[0] 與 oldValue[0] 可以取得變數 name，newValue[1] 與 oldValue[1] 可以取得變數 email。

　　另外在第 21 行，使用屬性 immediate 可以設定是否在一開始就監聽。在這裡設定為 true，表示如果被監聽的變數只要有值，就會被監聽。

　　而如果要監聽結構變數，則可以修改為：

```
01 <template>
02   <input type="text" v-model="phone" />
03 </template>
04
05 <script>
06 import { reactive, watch, toRefs } from 'vue';
07
08 export default {
09   setup() {
10     const user = reactive({
11       phone: '',
12     });
13
14     watch(
15       () => {
16         return { ...user };
17       },
18       (newValue, oldValue) => {
19         console.log('user', newValue.phone, oldValue.phone);
20       }
21     );
22
23     return {
24       ...toRefs(user),
25     };
26   },
27 };
28 </script>
```

　　這裡的 watch 寫法稍微不一樣，在第 15 行使用 () => { return {}; } 將要監聽的 reactive 變數傳入，就可以在 newValue 與 oldValue 直接指定 phone 這個變數了，如第 19 行所示。

▌ 4.7 模組化

最後一個關於 Composition API 的討論是模組化。

首先，新增一個 Counter.js 檔案，主要會讓其它 .vue 的檔案來引用：

```
01 import { ref } from 'vue';
02
03 export default function Counter() {
04   const count = ref(0);
05
06   function increment() {
07     count.value++;
08   }
09
10   return {
11     count,
12     increment,
13   };
14 }
```

這個給外部使用的函式 Counter，裡面宣告了一個變數 count 跟一個函式 increment，increment 會將變數 count 進行 +1 的動作，最後使用 return 回傳出去，代表外部也可以呼叫得到。

所以回到 App.vue，就可以這樣引用 Counter.js：

```
01 <template>
02   {{ count }}
03   <button @click="increment">button</button>
04 </template>
05
06 <script>
07 import Counter from './Counter';
08
09 export default {
10   setup() {
11     const { count, increment } = Counter();
```

```
12
13    return {
14      count,
15      increment,
16    };
17  },
18 };
19 </script>
```

在第 07 行先引用 Counter，第 11 行宣告這個模組的物件化 const { count, increment } = Counter(); 就可以使用變數 count 與函式 increment。

但有的時候，會需要這個 Counter() 可以從外部設定初始值跟累加的數值，所以會需要多兩個變數給外部傳入，修改 Counter.js：

```
01 import { ref } from 'vue';
02
03 // startIndex, step 給外部輸入的參數
04 export default function Counter(startIndex, step) {
05   const count = ref(startIndex);
06
07   function increment() {
08     count.value += step;
09   }
10
11   return {
12     count,
13     increment,
14   };
15 }
```

Counter 多了兩個傳入的變數值 startIndex 與 step。

回到 App.vue 就可以這樣呼叫 Counter：

```
01 <template>
02   {{ count }}
03   <button @click="increment">button</button>
04 </template>
```

```
05
06 <script>
07 import Counter from './Counter';
08
09 export default {
10   setup() {
11     const { count, increment } = Counter(1000, 100);
12
13     return {
14       count,
15       increment,
16     };
17   },
18 };
19 </script>
```

　　第 11 行中，直接在 Counter(1000, 100); 帶入想要的初始值與累加的數值即可。

▌ 4.8 實務應用

　　接下來這個單元會利用本章所介紹的 composition API 語法，來改寫 3.11 所實作的登入系統。然而在這個範例之中，先不要理會 CSS 樣式的使用，只會說明 HTML 與 Vue3 之間的邏輯互動。

　　首先宣告變數，在 3.11 的範例之中，總共會需要三個變數：

```
01 import { ref } from 'vue';
02
03 export default {
04   setup() {
05     const email = ref('');
06     const password = ref('');
07     const isLogin = ref(false);
08
09     return {
10       email, password, isLogin,
```

```
11      }
12    },
13  }
```

第 04 行：composition API 的變數與函式都會宣告在 setup{} 之內。

第 05-07 行：使用 ref 來宣告變數。

第 09-11 行：將變數回傳出去，讓 HTML 標籤可以來呼叫。

接下來將三個函式搬移到 setup{} 之內：

```
01 setup() {
02   function checkLogin() {
03     if (email.value == 'admin' && password.value == '111111') {
04       isLogin.value = true;
05     }
06     else {
07       isLogin.value = false;
08     }
09   }
10   function submit() {
11     localStorage.setItem('email', email.value);
12     localStorage.setItem('password', password.value);
13     checkLogin();
14     if (!isLogin.value) {
15       alert(' 登入失敗 ');
16     }
17   }
18   function logout() {
19     localStorage.setItem('email', '');
20     localStorage.setItem('password', '');
21     isLogin.value = false;
22   }
23
24   return {
25     checkLogin, submit, logout
26   }
27 },
```

第 03 行：函式內存取變數時，都需要加上 .value。

第 24-26 行：一樣將函式回傳出去，可以讓 HTML 標籤可以呼叫到。

最後加入生命週期 onMounted：

```
01 import { ref, onMounted } from 'vue';
02
03 export default {
04   setup() {
05     onMounted(() => {
06       email.value = localStorage.getItem('email');
07       password.value = localStorage.getItem('password');
08       checkLogin();
09 });
```

第 01 行：使用生命週期 onMounted 必須要引用進來。

第 05 行：生命週期 onMounted 一樣宣告在 setup{} 之內。

如此一來就改寫完畢，以下是完整的程式碼：

```
01 <template>
02   <div v-if="isLogin">
03     <p>登入成功</p>
04     <input type="button" value="登出" @click="logout">
05   </div>
06   <div v-else>
07     <input type="text" placeholder="Email" v-model="email">
08     <br>
09     <input type="password" placeholder="Password" v-model="password">
10     <br>
11     <input type="button" value="送出" @click="submit">
12   </div>
13 </template>
14
15 <script>
16 import { ref, onMounted } from 'vue';
17
18 export default {
```

```
19   setup() {
20     const email = ref('');
21     const password = ref('');
22     const isLogin = ref(false);
23
24     onMounted(() => {
25       email.value = localStorage.getItem('email');
26       password.value = localStorage.getItem('password');
27       checkLogin();
28     });
29
30     function checkLogin() {
31       if (email.value == 'admin' && password.value == '111111') {
32         isLogin.value = true;
33       }
34       else {
35         isLogin.value = false;
36       }
37     }
38     function submit() {
39       localStorage.setItem('email', email.value);
40       localStorage.setItem('password', password.value);
41       checkLogin();
42       if (!isLogin.value) {
43         alert(' 登入失敗 ');
44       }
45     }
46     function logout() {
47       localStorage.setItem('email', '');
48       localStorage.setItem('password', '');
49       isLogin.value = false;
50     }
51
52     return {
53       email, password, isLogin,
54       checkLogin, submit, logout
55     }
56   },
57 }
58 </script>
```

4.9　本章重點摘要

回顧一下本章重點：

4.1　變數綁定

- 如何使用 Composition 來宣告變數。

4.2　函式

- 如何使用 Composition 來宣告函式。

4.3　表單處理

- 如何使用 Composition 來使用基礎表單。

4.4　元件

- 如何使用 Composition 來宣告元件。

4.5　生命週期

- Composition 內建的函示執行順序。

4.6　監聽

- 如何讓變數進入監聽狀態。

4.7　模組化

- 使用將程式碼切割成模組。

4.8　實務應用

- 實作出一個登入頁面。

第 **5** 章

路由

　　網頁最重要的就是換頁，而這個換頁的機制，稱為路由。在一般純 HTML 標籤的換頁動作可以使用 \<a\> 標籤來製作，但在 Vue3 要完成路由功能，必須要使用 route。

接下來這一章將會討論 Vue3 的路由機制，會分成 2 個小節：

5.1　什麼是路由：說明路由與建立。

5.2　參數傳遞：說明路由的參數傳遞與接收。

建議讀者可以先從 2.3 節介紹的創建專案，來建立一個全新的專案來練習。因為本章的每一個小節都可以視為獨立的單元，讀者如果要實作練習的話，都可以先使用 2.3 節介紹的方式建立一個全新的專案，然後再來實作每一個單元。

5.1　什麼是路由

在 2.3 節，介紹了使用 Vue CLI 工具來創建專案，所以 route 的功能也必須要用 CLI 工具來產生。

開啟終端機，輸入以下指令，安裝 route 的功能：

```
$ vue add router@next
```

然後接著會詢問是否使用 history mode：

```
? Use history mode for router? (Requires proper server setup for index fallback in
production)
```

完成之後，Vue CLI 工具會自動完成產生具有 route 功能的專案，所以這個時候用 Visual Studio Code 來開啟專案，會發現程式碼跟之前有些許的差異。

首先，先打開 route/index.js 這個檔案：

```
01 import { createRouter, createWebHistory } from 'vue-router'
02 import HomeView from '../views/HomeView.vue'
03
04 const routes = [
05   {
```

```
06    path: '/',
07    name: 'home',
08    component: HomeView
09   },
10   {
11    path: '/about',
12    name: 'about',
13    // route level code-splitting
14    // this generates a separate chunk (about.[hash].js) for this route
15    // which is lazy-loaded when the route is visited.
16    component: () => import(/* webpackChunkName: "about" */ '../views/AboutView.
vue')
17   }
18 ]
19
20 const router = createRouter({
21   history: createWebHistory(process.env.BASE_URL),
22   routes
23 })
24
25 export default router
```

第 04 行中，使用陣列 routes 來儲存需要跳轉的頁面，如陣列的第一個元素為：

```
{
  path: '/',
  name: 'home',
  component: HomeView
},
```

在第 06 行中宣告 path ，就表示所指定的 http 連結名稱，這裡指向 '/' 為根目錄，就表示當網址路徑指向 http://localhost:8080/ 時，會使用 HomeView 元件，而 HomeView 元件在第 02 行有引用 HomeView.vue 這個檔案。

又如陣列的第二個元素為：

```
{
    path: '/about',
```

```
    name: 'about',
    // route level code-splitting
    // this generates a separate chunk (about.[hash].js) for this route
    // which is lazy-loaded when the route is visited.
    component: () => import(/* webpackChunkName: "about" */
'../views/AboutView.vue')
}
```

這就表示當網址路徑指向 http://localhost:8080/about 時，會使用 AboutView.
vue 檔案。

在第 20 行使用 createRouter，設定 history 為 createWebHistory，就表示使用 HTML5 的 History API 來產生路由的功能，然後在第 22 行中將 routes 陣列傳入。

此外，這個 route/index.js 檔案的程式碼也可以精簡成：

```
01 import { createRouter, createWebHistory } from 'vue-router'
02
03 const routes = [
04   {
05     path: '/',
06     name: 'home',
07     component: () => import('../views/HomeView.vue')
08   },
09   {
10     path: '/about',
11     name: 'about',
12     component: () => import('../views/AboutView.vue')
13   }
14]
15
16 const router = createRouter({
17   history: createWebHistory(process.env.BASE_URL),
18   routes
19 })
20
21 export default router
```

回到 App.vue：

```
01 <template>
02   <nav>
03     <router-link to="/">Home</router-link> |
04     <router-link to="/about">About</router-link>
05   </nav>
06   <router-view/>
07 </template>
```

在這裡就非常簡單，如果已經使用 route/index.js，就必須使用 <router-view/> 標籤來開啟所有的路由。然後使用 <router-link to=""></router-link> 進行路徑連結，可以把 <router-link to=""> 想像成 <a href=""> 標籤一樣，是 Vue3 用來指定路由的名稱。指定 <router-link to="/">Home</router-link> 就表示跳轉到 HomeView.vue。指定 <router-link to="/about">About</router-link> 就表示跳轉到 AboutView.vue。

5.2 路由參數傳遞

路由除了跳轉的機制之外，也可以將參數傳入到下一個頁面。

修改 App.vue：

```
01 <template>
02   <nav>
03     <router-link to="/">Home</router-link> |
04     <router-link to="/about?x=aaa">About</router-link>
05   </nav>
06   <router-view/>
07 </template>
```

在 about 的網址後面帶入一個 x 等於 aaa，表示宣告一個參數 x，給予 aaa，所以 /about?x=aaa 就表示將 x 的內容傳入給 about 這個路由，這樣傳遞參數內容的方式稱為 HTTP Get 方法。

所以回到 AboutView.vue 就必須要去接收 x 這個參數，使用 this.$route.query.x 來接收，修改 AboutView.vue：

```
01 <template>
02   <div class="about">
03     <h1>This is an about page</h1>
04     <h1>{{ x }}</h1>
05   </div>
06 </template>
07
08 <script>
09 export default {
10   data() {
11     return {
12       x: this.$route.query.x
13     }
14   }
15 }
16 </script>
```

在第 12 行使用 this.$route.query 並且加入帶入參數 x，就表示接收來自網址的 x 參數的內容，然後給予變數 x。最後在第 04 行中將 x 顯示出來。

所以當跳轉到 about 時，就會顯示 x 這個變數的內容：

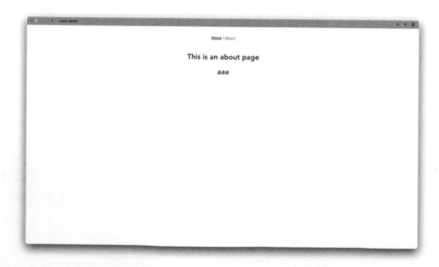

▲　圖 5.2.1

上述的參數傳遞寫法是使用 Option API 的方式，如果要使用 Composition API，則必須修改 App.vue：

```
01 <template>
02   <nav>
03     <router-link to="/">Home</router-link> |
04     <router-link :to="{ path: '/about', query: { y: 'yyyy' } }">
05       About
06     </router-link>
07   </nav>
08   <router-view />
09 </template>
```

在這裡一樣使用 <router-link> 指定兩個變數 path: '/about' 與 query: { y: 'yyyy' }，path 就是要轉址的位置，query 就是傳遞參數的內容，它是一個物件參數，宣告參數 y，並且給予 yyyy 的內容。

另外在 query 中，也可以指定多個參數來傳遞：

```
01 <router-link :to="{ path: '/about', query: { y: 'yyyy', x: 'xxxx' } }">
02   About
03 </router-link>
```

在這裡就宣告了兩個參數 y 與 x。

而在 AboutView.vue 就必須要去接收 x 這個變數，使用 getCurrentInstance 來接收，修改 AboutView.vue：

```
01 <template>
02   <div class="about">
03     <h1>This is an about page</h1>
04     <h1>{{ y }}</h1>
05   </div>
06 </template>
07
08 <script>
09 import { ref, onMounted, getCurrentInstance } from "vue";
10
11 export default {
```

```
12   setup() {
13     let y = ref('');
14
15     onMounted(() => {
16       const instance = getCurrentInstance();
17       y.value = instance.proxy.$route.query.y;
18     });
19
20     return {
21       y
22     };
23   }
24 }
25 </script>
```

第 09 行先引用 getCurrentInstance，並且將 getCurrentInstance 實體物件化，const instance = getCurrentInstance();。然後使用 instance 物件呼叫 proxy.$route.query，並且帶入變數名稱 y，就可以取得到 y 的內容。

最後在第 04 行一樣將 y 顯示在網頁上。

5.3　實務應用

這一節的實務應用將會延續 4.8 節的登入系統。一般來說，登入成功後，會直接導入到另外一個頁面，而這個頁面，如果沒有登入而直接存取該頁面的話，將會被導回登入頁面。

所以根據這一章所介紹的路由系統，新增一個 LoginView.vue，而在 router/index.js 的結構就必須修改成：

```
01 const routes = [
02   {
03     path: '/',
04     name: 'home',
05     component: HomeView
06   },
```

```
07  {
08    path: '/login',
09    name: 'login',
10    component: () => import('../views/LoginView.vue')
11  }
12 ]
```

第 07-11 行：新增 LoginView 的路由設定，網址設定為 /login。

回到 HomeView.vue，修改為：

```
01 <template>
02   <h1>This is an Home page</h1>
03 </template>
04
05 <script>
06 import { onMounted } from "vue";
07 import { useRouter } from 'vue-router';
08
09 export default {
10   name: 'HomeView',
11   setup() {
12
13     onMounted(async () => {
14       let email = localStorage.getItem('email');
15       let password = localStorage.getItem('password');
16       if (email != 'admin' && password != '111111') {
17         const router = useRouter();
18         router.push('/login');
19       }
20     });
21   },
22 }
23 </script>
```

第 13-19 行：生命週期為 onMounted 時，判斷是否有登入。

第 18 行：如果沒有登入的話，則自動導回 /login 頁面。

在這裡使用了 router.push 的方式來自動產生連結效果，而 router 必須要先引用才可使用，如第 07 行引用 useRouter。

回到 LoginView.vue，修改為：

```
01 <template>
02   <input type="text" placeholder="Email" v-model="email">
03   <br>
04   <input type="password" placeholder="Password" v-model="password">
05   <br>
06   <input type="button" value=" 送出 " @click="submit">
07 </template>
08
09 <script>
10 import { ref, onMounted } from 'vue';
11
12 export default {
13   setup() {
14     const email = ref('');
15     const password = ref('');
16     const isLogin = ref(false);
17
18     onMounted(() => {
19       email.value = localStorage.getItem('email');
20       password.value = localStorage.getItem('password');
21       checkLogin();
22     });
23
24     function checkLogin() {
25       if (email.value == 'admin' && password.value == '111111') {
26         isLogin.value = true;
27       }
28       else {
29         isLogin.value = false;
30       }
```

```
31      }
32
33      return {
34        email, password, isLogin,
35        checkLogin
36      }
37    },
38    methods: {
39      submit() {
40        localStorage.setItem('email', this.email);
41        localStorage.setItem('password', this.password);
42        this.checkLogin();
43        if (!this.isLogin) {
44          alert(' 登入失敗 ');
45        }
46        else {
47          this.$router.push('/');
48        }
49      }
50    }
51 }
52 </script>
```

這段程式碼可以參考 4.8 節所介紹，差別在於第 47 行，如果登入成功，則會自動導回首頁。

最後回到 HomeView.vue，如果成功登入後，要多加一個登出的按鈕，修改為：

```
01 <template>
02    <h1>This is an Home page</h1>
03    <input type="button" value=" 登出 " @click="logout">
04 </template>
05
06 <script>
07 import { onMounted } from "vue";
08 import { useRouter } from 'vue-router';
09
```

```
10 export default {
11   name: 'HomeView',
12   setup() {
13     onMounted(async () => {
14       let email = localStorage.getItem('email');
15       let password = localStorage.getItem('password');
16       if (email != 'admin' && password != '111111') {
17         const router = useRouter();
18         router.push('/login');
19       }
20     });
21   },
22   methods: {
23     logout() {
24       localStorage.setItem('email', '');
25       localStorage.setItem('password', '');
26       this.$router.push('/login');
27     }
28
29   }
30 }
31 </script>
```

第 03 行：新增一個登出按鈕。

第 22-27 行：將登出按鈕的事件綁定到函式 logout。

開啟網頁時，登入成功則會直接導回首頁，否則會停留在目前的登入頁面。另外，如果沒有登入時，直接網址列輸入首頁的網址時，則會自動跳轉到登入頁面。

5.4 本章重點摘要

回顧一下本章重點：

5.1 什麼是路由

- 如何讓網頁與網頁互相連結。

5.2 路由參數傳遞

- 如何將參數傳遞給另外一個網頁。

5.3 實務應用

- 實作出一個登入系統。

第 **6** 章

專案部署

　　至此，我們已經備妥一切關於 Vue3 的開發知識，最後一哩路就是匯出專案，畢竟瀏覽器是看不懂 .vue 這樣的檔案與程式，必須要經過轉化才行，也就是產生出可以部署在網站上的檔案。

接下來這一章將會討論如何將 Vue3 專案，部署到網路上，會分成 3 個小節：

6.1　專案發佈：說明如何發布專案。

6.2　Firebase 部署：說明如何部署到 Firebase。

6.3　Netlify 部署：說明如何部署到 Netlify。

> 建議讀者可以先從 2.3 節介紹的創建專案，來建立一個全新的專案來練習。因為本章的每一個小節都可以視為獨立的單元，讀者如果要實作練習的話，都可以先使用 2.3 節介紹的方式建立一個全新的專案，然後再來實作每一個單元。

6.1　專案發佈

在專案內的根目錄底下，將 package.json 打開，有一個指令是 build：

```
01 "scripts": {
02   "serve": "vue-cli-service serve",
03   "build": "vue-cli-service build",
04   "lint": "vue-cli-service lint"
05 },
```

這個 build 對應到 vue-cli-service build，表示使用 Vue3 的 CLI 工具來產生檔案。

所以開啟終端機，並且在專案的目錄下，輸入：

```
$ npm run build
```

執行指令後，就會開始自動產生檔案，如果產生過程沒問題，可以看到以下的結果：

```
DONE  Build complete. The dist directory is ready to be deployed.
```

```
 INFO  Check out deployment instructions at
https://cli.vuejs.org/guide/deployment.html
```

看到以上的內容，就表示檔案產生完畢。

回到專案目錄結構中，會發現多了一個 dist 的資料夾：

▲ 圖 6.1.1 dist 資料夾

直接開啟 dist 資料夾的所在位置：

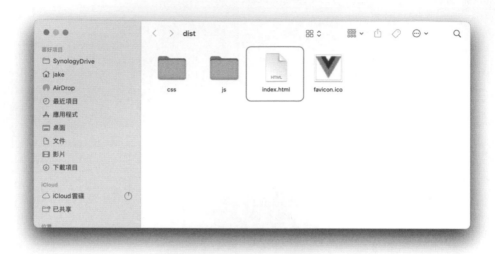

▲　圖 6.1.2　dist 資料夾

在 dist 的資料夾中，index.html 就是整個專案的首頁，但是如果直接用瀏覽器開啟 index.html，會發現呈現一片空白：

▲　圖 6.1.3　瀏覽器開啟 index.html 網頁

所以這裡使用 npm run build 指令時，在 /dist 資料夾直接開啟 index.html 會有空白的問題，可以用下面這個方法解決。

在專案內的根目錄底下，將 vue.config.js 打開：

```
01 const { defineConfig } = require('@vue/cli-service')
02 module.exports = defineConfig({
03   transpileDependencies: true,
04   publicPath: './'
05 })
```

在第 04 行中，新增 publicPath: './' 這一行指令。

然後開啟 /router/index.js：

```
01 import { createRouter, createWebHashHistory } from 'vue-router'
02
03 const routes = [
04   {
05     path: '/',
06     name: 'home',
07     component: () => import('../views/HomeView.vue')
08   },
09   {
10     path: '/about',
11     name: 'about',
12     component: () => import('../views/AboutView.vue')
13   }
14 ]
15
16 const router = createRouter({
17   history: createWebHashHistory(),
18   routes
19 })
20
21 export default router
```

第 01 行修改為引用 createWebHashHistory。

第 17 行修改為 history: createWebHashHistory()。

再度重新執行 npm run build，重新產生檔案後，在 /dist 資料夾直接用瀏覽器開啟 index.html，首頁就會出現了：

▲ 圖 6.1.4 瀏覽器成功開啟專案首頁

6.2 Firebase 部署

Firebase 是 Google 提供的 Saas 服務，有數據分析、線上資料庫、使用者認證等功能，也有提供網站的託管服務，而這些服務通通都可以免費使用，超過某一個額度之後就會開始收費。但別擔心，對於我們只是單純個人測試使用的話，通常都不會超過這個額度，拿來測試寫好的 Vue3 再適合不過了。

這邊一開始先到 Firebase 進行帳號登入，開啟 https://firebase.google.com/

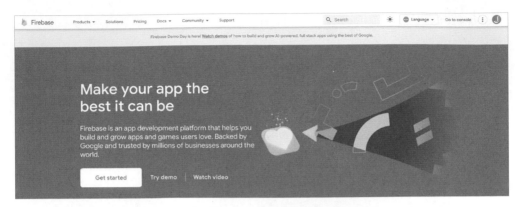

▲ 圖 6.2.1 Firebase 首頁

使用 Google 帳號登入後，點選「Get started」。

點選「新增專案」，要建立一個全新的專案。

▲ 圖 6.2.2 Firebase 開啟專案

命名專案名稱，這邊命名可以隨意命名。

▲ 圖 6.2.3　Firebase 輸入專案名稱

是否要一起連結 Google Analytics 的專案，這裡就先不連結，關閉下面的啟用按鈕，按下「建立專案」按鈕。

▲ 圖 6.2.4　Firebase 建立專案

專案建立完成，按下「繼續」。

▲ 圖 6.2.5 Firebase 專案建立成功

會自動導回專案的首頁，點選中間的網站圖示。

▲ 圖 6.2.6 Firebase 專案首頁

在這個專案內新增一個網頁的應用程式，命名網站的名稱，這裡也是隨意命名。

▲ 圖 6.2.7　Firebase 專案，建立應用程式

完成之後會給你一些資訊，這些設定檔案目前都不用到，這邊會在 8.3 節詳細介紹。

▲ 圖 6.2.8　Firebase 專案，應用程式密鑰

開啟終端機，要在專案底下安裝部署的 CLI 工具：

```
$ npm install -g firebase-tools
```

安裝完成後，直接進行登入：

```
$ firebase login
```

這裡如果有多個帳號的使用，可以使用 logout 來登出其他帳號即可：

```
$ firebase logout
```

會顯示以下訊息：

```
i  Firebase optionally collects CLI and Emulator Suite usage and error reporting
information to help improve our products. Data is collected in accordance with
Google's privacy policy (https://policies.google.com/privacy) and is not used to
identify you.

? Allow Firebase to collect CLI and Emulator Suite usage and error reporting
information? Yes
i  To change your data collection preference at any time, run `firebase logout` and log
in again.

Visit this URL on this device to log in:
https://accounts.google.com/o/oauth2/auth?  ...省略

Waiting for authentication...
```

上面的指令輸入完畢後，會自動開啟網頁來登入：

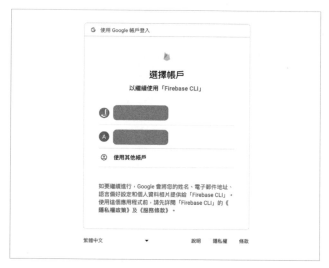

▲ 圖 6.2.9 Firebase 專案，應用程式登入

授權權限，點選「允許」。

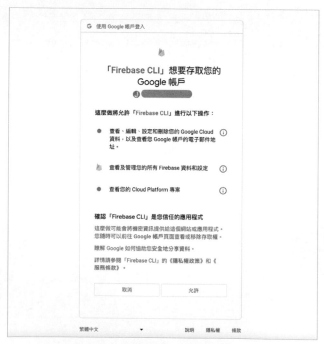

▲ 圖 6.2.10 Firebase 專案，應用程式授權

完成之後，回到終端機後，會顯示以下訊息，表示已經成功登入：

```
$ Success! Logged in as xxx@gmail.com
```

進行 firebase 專案的初始化：

```
$ firebase init
```

由於我們是要將 Vue3 專案部署到 firebase 上，所以選取 Hosting 即可：

```
You're about to initialize a Firebase project in this directory:

  /Users/jake/Desktop/vue3-demo

? Which Firebase features do you want to set up for this directory? Press Space to
select features, then Enter to confirm your choices. (Press
<space> to select, <a> to toggle all, <i> to invert selection, and <enter> to proceed)
 ○ Realtime Database: Configure a security rules file for Realtime Database and
(optionally) provision default instance
 ○ Firestore: Configure security rules and indexes files for Firestore
 ○ Functions: Configure a Cloud Functions directory and its files
>◎ Hosting: Configure files for Firebase Hosting and (optionally) set up GitHub Action
deploys
 ○ Hosting: Set up GitHub Action deploys
 ○ Storage: Configure a security rules file for Cloud Storage
 ○ Emulators: Set up local emulators for Firebase products
```

選取「Use an existing project」：

```
? Please select an option: (Use arrow keys)
  Use an existing project
  Create a new project
  Add Firebase to an existing Google Cloud Platform project
  Don't set up a default project
```

會將剛剛在 firebase 網頁上建立的專案顯示出來，選取即可：

```
? Select a default Firebase project for this directory:
  base-2fdc0 (Base)
  vue3-demo-c247c (Vue3-demo)
```

然後會問三個問題：

```
=== Hosting Setup

Your public directory is the folder (relative to your project directory) that
will contain Hosting assets to be uploaded with firebase deploy. If you
have a build process for your assets, use your build's output directory.

? What do you want to use as your public directory? dist
? Configure as a single-page app (rewrite all urls to /index.html)? (y/N) N
? Set up automatic builds and deploys with GitHub? (y/N) N
```

第一個問題 What do you want to use as your public directory?，由於我們的 Vue3 專案使用 build 工具之後，會將檔案產生在 dist 資料夾之下，所以這裡要修改成 dist，詳細可以參考 6.1 節。

第二個問題 Configure as a single-page app (rewrite all urls to /index.html)?，回答 N 即可，不需要覆寫。

第三個問題 Set up automatic builds and deploys with GitHub?，回答 N 即可，不需要使用 GitHub 部署。

出現以下訊息後，專案才算是建立完成：

```
✓  Wrote dist/404.html
✓  Wrote dist/index.html

i  Writing configuration info to firebase.json...
i  Writing project information to .firebaserc...

✓  Firebase initialization complete!
```

使用 Vue CLI 工具發布專案，一樣可以參考 6.1 節：

```
$ npm run build
```

使用 firebase CLI 工具進行部署，這個指令就會將 dist 資料夾內的所有檔案，
上傳到 firebase：

```
$ firebase deploy
完成之後，會將網址秀出來：
=== Deploying to 'vue3-demo-c247c'...

i  deploying hosting
i  hosting[vue3-demo-c247c]: beginning deploy...
i  hosting[vue3-demo-c247c]: found 7 files in dist
✓  hosting[vue3-demo-c247c]: file upload complete
i  hosting[vue3-demo-c247c]: finalizing version...
✓  hosting[vue3-demo-c247c]: version finalized
i  hosting[vue3-demo-c247c]: releasing new version...
✓  hosting[vue3-demo-c247c]: release complete

✓  Deploy complete!

Project Console: https://console.firebase.google.com/project/vue3-demo-c247c/overview
Hosting URL: https://xxxxx.web.app
```

或者回到 firebase 網頁上的 Hosting 頁籤，也會出現一樣的連結。

▲ 圖 6.2.11 Firebase 專案，成功部署

在瀏覽器輸入以下網址 https://vue3-demo-c247c.web.app，如果正常看到首頁的內容時，就表示部署成功了。

6.3 Netlify 部署

與 Firebase 類似，Netlify 也提供免費架設網站的服務，相比於 Firebase，Netlify 在部署設定更加方便，但前提需要先將專案上傳到 Github。

登入 github，並且新增一個新的專案：https://github.com/new。

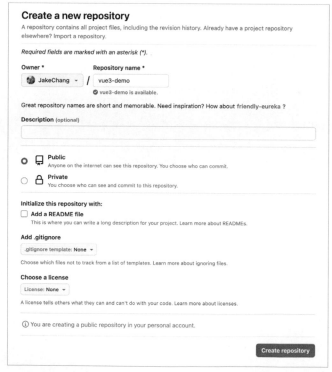

▲ 圖 6.3.1 Github 開啟一個新的專案

在 Repository 欄位輸入專案的名稱。

開啟終端機，使用指令方式將 Vue3-demo 的專案上傳到 github 。

設定專案的遠端 github 專案網址：

```
$ git remote add origin https://github.com/JakeChang/vue3-demo.git
```

設定目前專案開發主線為 main：

```
$ git branch -M main
```

進行上傳：

```
$ git push -u origin main
```

上傳成功後，回到 github 網頁就會列出專案的檔案內容，表示上傳成功：

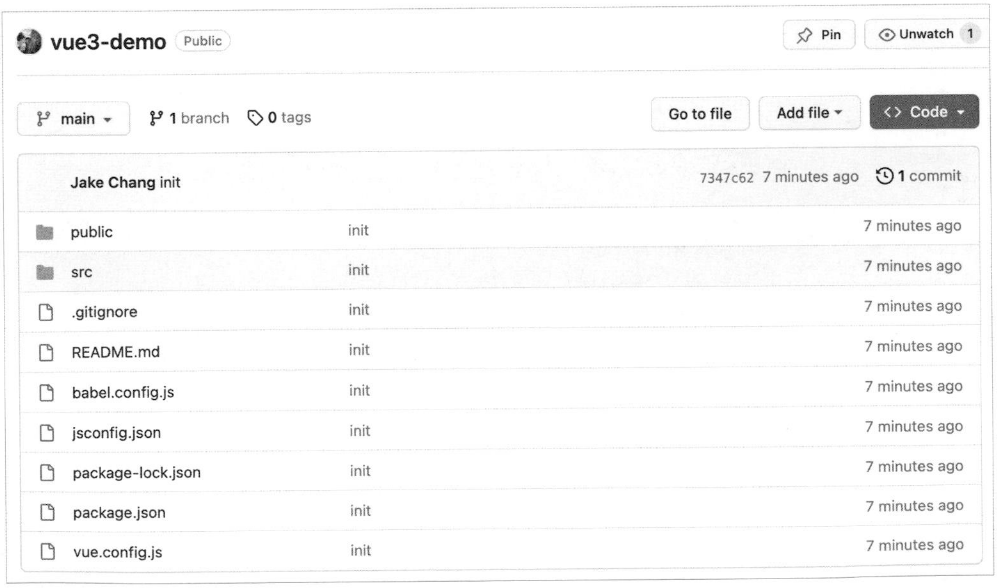

▲ 圖 6.3.2 Github 成功上傳專案

　　回到 Netlify，使用 github 帳號登入後，右邊的按鈕點選「Import an existing project」，表示使用一個現有的專案進行部署。

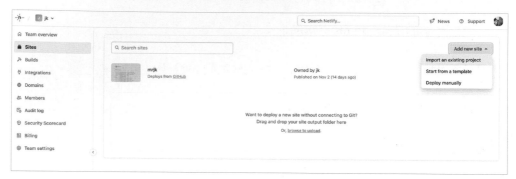

▲ 圖 6.3.3　Netlify 建立專案

　　點選「Deploy with GutHub」按鈕，表示使用 Github 帳號底下的專案。

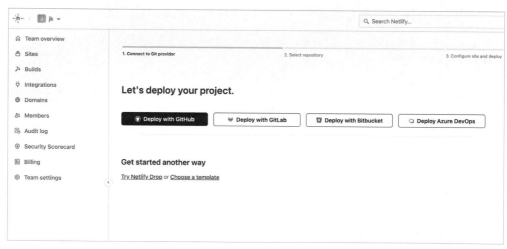

▲ 圖 6.3.4　Netlify 連動 Github 專案

　　與 Github 帳號整合成功後，它會自動列出目前帳號底下的所有專案，選擇剛剛建立的專案。

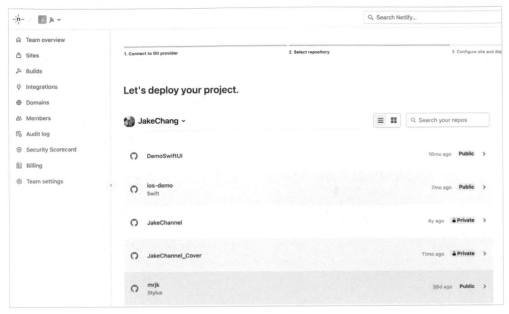

▲ 圖 6.3.5 Netlify 選取 Github 專案

設定要部署的開發線路，由於目前專案只有設定一條開發線路，也就是 main，所以這裡直接選取「main」。

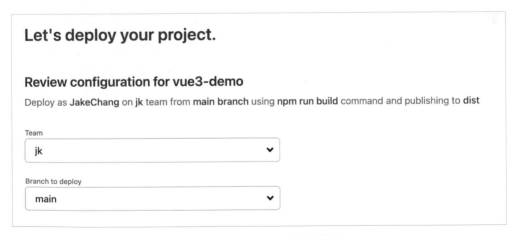

▲ 圖 6.3.6 Netlify 設定指令

　　往下滑動在 Build command 欄位使用「npm run build」，這個指令就是在 6.1 節使用到的專案發佈的指令，表示 Netlify 一樣會使用這個指令進行專案的發佈。然後在 Publish directory 輸入 「dist」資料夾名稱，表示只需要使用這個資料夾的檔案進行部署。

Build settings

Specify how Netlify will build your site.

Learn more in the docs ↗

Base directory

The directory where Netlify installs dependencies and runs your build command.

Build command

npm run build

Examples: `jekyll build, gulp build, make all`

Publish directory

dist

Examples: `_site, dist, public`

Functions directory

netlify/functions

Examples: `my_functions`

▲ 圖 6.3.7 Netlify 設定指令

　　最後按下部署，就會自動讀取 GitHub 的專案檔案，然後進行專案發佈，最後將結果檔案傳到 Netlify 平台，看到以下畫面時，就表示成功部署了。

▲ 圖 6.3.8 Netlify 成功部署

　　這裡也會提供專屬於這個專案的網址，點選後，應該可以成功看到專案的網站內容。

　　至於後續部署動作，則必須要重新將程式碼透過 git 指令上傳到 GitHub 後，就會再次觸發 Netlify 來自動讀取新的檔案進行部署了。

　　如果程式檔案有進行修改，則需要先上傳程式到 GitHub 上，使用 git add 指令將檔案加入 git，「.」表示所有修改的檔案通通加入：

```
$ git add .
```

　　使用 git commit 指令注入本次修改的內容，後面 "Add" 表示本次修改檔案的內容，可以自由新增修改這個字串內容：

```
$ git commit -m "Add"
```

　　使用 git push 指令將檔案上傳到 GitHub：

```
$ git push
```

上傳成功後，就會再度觸發 Netlify 進行部署的動作了。

所以當專案程式碼修改後，上傳到 GitHub 後，就會自動觸發部署到 Netlify 的機制。如此一來，當程式碼被更新時，Netlify 也會一起自動被更新了。

▌ 6.4　本章重點摘要

回顧一下本章重點：

6.1　專案發佈

- 如何發佈 Vue3 專案。

6.2　Firebase 部署

- 如何發佈 Vue3 專案到 Firebase。

6.3　Netlify 部署

- 如何發佈 Vue3 專案到 Netlify。

第 **7** 章

整合 CSS 框架

在網頁開發的過程當中，切版也是非常重要的工作，所謂切版就是將網頁內的資料排版，而排版所需要的技術就是使用 CSS 來製作。而現今網頁開發已經不需要從頭到尾重新開始寫 CSS，而是有許多的框架可以快速的導入開發，加速開發的所需要的時間，這個單元將會介紹目前市場主流的三個 CSS 框架，bootstrap、tailwindcss 與 daisyUI。

本章將會分成 3 個小節：

7.1　整合 bootstrap：說明如何整合 bootstrap 框架。

7.2　整合 tailwindcss：說明如何整合 tailwindcss 框架。

7.3　整合 daisyUI：說明如何整合 daisyUI 框架。

> 建議讀者可以先從 2.3 節介紹的創建專案，來建立一個全新的專案來練習。因為本章的每一個小節都可以視為獨立的單元，讀者如果要實作練習的話，都可以先使用 2.3 節介紹的方式建立一個全新的專案，然後再來實作每一個單元。

▌ 7.1　整合 bootstrap

　　Bootstrap 是一個非常流行的 CSS 框架，可以很快速的幫助前端開發者能夠搭建出完整的網頁。一般在使用 bootstrap 時，會透過 CDN 方式引用 CSS 檔案，例如：

```
01 <!doctype html>
02 <html lang="en">
03   <head>
04     <meta charset="utf-8">
05     <meta name="viewport" content="width=device-width, initial-scale=1">
06     <title>Bootstrap demo</title>
07     <link href="https://cdn.jsdelivr.net/npm/bootstrap@5.3.2/dist/css/bootstrap.min.css" rel="stylesheet" integrity="sha384-T3c6CoIi6uLrA9TneNEoa7RxnatzjcDSCmG1MXxSR1GAsXEV/Dwwykc2MPK8M2HN" crossorigin="anonymous">
08   </head>
09   <body>
10     <h1>Hello, world!</h1>
11     <script src="https://cdn.jsdelivr.net/npm/bootstrap@5.3.2/dist/js/bootstrap.bundle.min.js" integrity="sha384-C6RzsynM9kWDrMNeT87bh95OGNyZPhcTNXj1NW7RuBCsyN/o0jlpcV8Qyq46cDfL" crossorigin="anonymous"></script>
12   </body>
13 </html>
```

但這是一般 HTML 的做法，在 Vue3 的專案內，會使用 CLI 工具來安裝這個模組，在管理上也會比較容易維護。

在專案的根目錄下，開啟終端機，輸入安裝 bootstrap 的指令：

```
$ npm i bootstrap@5.3.2
```

安裝完成後，可以開啟 package.json，找到 dependencies：

```
01 "dependencies": {
02   "bootstrap": "^5.3.2",
03   "core-js": "^3.8.3",
04   "vue": "^3.2.13"
05 },
```

在第 02 行紀錄 "bootstrap": "^5.3.2"，表示確實已經將 bootstrap 安裝在專案內，且使用版本為 5.3.2。而 dependencies 也是所有安裝套件的記錄，這也是剛剛提到所謂的維護容易，因為在這裡就可以很清楚了解到底安裝了哪一些套件。

接下來就是需要在 main.js 引用 bootstrap：

```
01 import { createApp } from 'vue'
02 import App from './App.vue'
03
04 import 'bootstrap/dist/css/bootstrap.min.css'
05 import "bootstrap"
06
07 createApp(App).mount('#app')
```

新增第 04 行與第 05 行的內容。

接下來就可以正常使用 bootstrap 了，回到 App.vue，隨便加入一個 bootstrap 的樣式，例如：

```
01 <template>
02   <div class="container">
03     <div class="alert alert-primary" role="alert">
04       A simple primary alert—check it out!
```

```
05      </div>
06    </div>
07 </template>
```

　　alert 在 bootstrap 是用來顯示警告的樣式，而 alert-primary 表示使用正常的顏色，在 bootstrap 是指定藍色。

　　開啟瀏覽器，如果呈現以下的樣式，就表示成功安裝 bootstrap 到專案內了。

▲ 圖 7.1.1　成功整合 bootstrap

▎7.2　整合 tailwindcss

　　tailwindcss 也是一個 CSS 框架，而這個框架跟 Bootstrap 有什麼差別？如果已經是非常熟悉 Bootstrap 的開發者，還會需要一個新的 CSS 框架嗎？這裡就先來比較兩者的差別。

如果要使用 Bootstrap 來製作一個按鈕，會直接寫：

```
<button type="button" class="btn btn-primary">Primary</button>
```

那如果改用 tailwindcss，要製作一個按鈕時，會發現官方並沒有提供按鈕的元件來直接使用，而是任意由自己來定義，所以如果使用 tailwindcss 來製作按鈕時，可能會這樣寫：

```
<a class="rounded border border-black bg-blue-500 px-12 py-3 text-lg text-white
hover:bg-transparent hover:text-indigo-600" href="/">Button</a>
```

兩者的差別顯而易見，tailwindcss 用了許多類別才能製作一個按鈕，而 Bootstrap 只需要兩個 class 就搞定了，但不要因此就說 Bootstrap 比 tailwindcss 好用且簡單，事情並不是表面上看到的這個樣子。

先來看看 Bootstrap 的原始檔案是如何定義 btn 這個類別的：

```
.btn {
  --bs-btn-padding-x: 0.75rem;
  --bs-btn-padding-y: 0.375rem;
  --bs-btn-font-family: ;
  /* ... 省略 */
  display: inline-block;
  padding: var(--bs-btn-padding-y) var(--bs-btn-padding-x);
  font-family: var(--bs-btn-font-family);
  font-size: var(--bs-btn-font-size);
  font-weight: var(--bs-btn-font-weight);
  line-height: var(--bs-btn-line-height);
  /* ... 省略 */
}
```

會發現 Bootstrap 直接把一個按鈕的樣式通通定義在 btn 裏面，好處是使用方便，直接兩個類別就可以引用到 HTML 檔案，但缺點是修改不易，如果只是想要修改字形的大小也是非常不容易的。

那麼 tailwindcss 在製作按鈕上，用了許多類別，直接觀看原始的 CSS 檔案：

```
.rounded {
  border-radius: 0.25rem;
}

.border {
  border-width: 1px;
}

.px-12 {
  padding-left: 3rem;
  padding-right: 3rem;
}
```

會發現在 tailwindcss 上每一種 class 就專心定義一件事情而已，如圓角就定義圓角，寬度就定義寬度，而且可以直接從命名上清楚知道該 class 大概會是什麼樣式。反觀 Bootstrap，卻無法知道 btn 這個 class 的詳細定義，只能知道它是按鈕元件。

所以 tailwindcss 才又稱為 utility-first CSS 框架，功能優先的 CSS 框架，也就是一個 class 只負責單一性的樣式呈現，看到名稱就可以知道效果，而 Bootstrap 又稱為 components 框架，元件框架。

我們要如何選擇這兩個框架？

tailwindcss 框架，使用彈性大較大，在開發上比較可以做出自己想要的樣式卻又不想修改 CSS 的專案。而 Bootstrap 如果要做出想要的樣式就必須要修改 CSS，開發上並沒有比較省時間，而如果都用其提供好的元件，確實適合需要快速開發的專案。

如果專案上只需要建構出資訊網站、或內部使用的網站，那麼 Bootstrap 可能又會更適合一些，畢竟不用執著在一些細部的 UI 調整。

如果專案是開發出產品，是一個 Saas 服務或者平台，那麼筆者會建議使用 tailwindcss，一來彈性大、修改容易，也可以快速搭建出一個雛形出來，若是背後有設計師希望達到的 UI 效果，那麼選擇 tailwindcss 準不會錯。

接下來就直接來安裝 tailwindcss 到 Vue3 專案內。

在 Vue3 的專案根目錄下,輸入以下指令:

```
$ vue add tailwind
```

過程之中會要求選取使用哪一種類別的檔案,選取 minimal 即可:

```
... 前略 ...

? Generate tailwind.config.js (Use arrow keys)
  none
  minimal
  full
```

安裝完成會顯示:

```
... 前略 ...

✓  Successfully invoked generator for plugin: vue-cli-plugin-tailwind
```

要測試是否成功安裝 tailwindcss 套件,打開 App.vue,在 <template></template> 內新增以下 HTML 標籤:

```
01 <template>
02   <h1 class="text-3xl font-bold underline">
03     Hello world!
04   </h1>
05 </template>
```

在 h1 標籤內使用了三個 tailwindcss 的樣式,依序分別為字型大小、粗體與底線。

使用瀏覽器開啟時,可以看見這樣的畫面:

▲ 圖 7.2.1　成功整合 tailwindcss

就表示成功的將 tailwindcss 套件安裝在 Vue3-demo 這個專案內了。

▎ 7.3　整合 daisyUI

　　熟悉了 tailwindcss 套件之後，就會發現 tailwindcss 在使用上還是有它的複雜度，例如製作一個按鈕會使用這些樣式：

```
<a class="rounded border border-black bg-blue-500 px-12 py-3 text-lg text-white
hover:bg-transparent hover:text-indigo-600" href="/">Button</a>
```

　　相比於 Bootstrap 就真的是非常乾淨俐落了：

```
<button type="button" class="btn btn-primary">Primary</button>
```

　　這個時候我們還在猶豫是否要回去使用 Bootstrap，畢竟程式碼的乾淨簡潔也是非常重要的，而在這個時候 daisyui 就出現了。

daisyui 是 tailwindcss 的延伸套件，不但可以保留使用 tailwindcss 框架的彈性，也可以將樣式縮短，例如使用 tailwindcss 樣式所製作出來的按鈕可能會這樣寫：

```
<button class="bg-indigo-600 px-4 py-3 text-center text-sm font-semibold inline-
block text-white cursor-pointer uppercase transition duration-200 ease-in-out rounded-
md hover:bg-indigo-700 focus-visible:outline-none focus-visible:ring-2 focus-
visible:ring-indigo-600 focus-visible:ring-offset-2 active:scale-95">
  Tailwind Button
</button>
```

是不是非常冗長與複雜呢！

但如果改用 daisyui，則可以簡化成：

```
<button class="btn btn-primary">
  daisyUI Button
</button>
```

但你會想是不是跟使用 Bootstrap 沒有差別？

剛剛有提到過 daisyui 是 tailwindcss 的延伸套件，所以還是可以使用 tailwindcss 的樣式，例如可以新增留白樣式：

```
<button class="m-10 btn btn-primary">
  daisyUI Button

</button>
```

一樣保留了 tailwindcss 的樣式，也大幅度縮短整體的樣式長度。

接下來就直接來安裝 daisyui 到 Vue3 專案內。

在 Vue3 的專案根目錄下，輸入以下指令：

```
$ npm i -D daisyui@latest
```

然後回到專案內，開啟 tailwind.config.js：

```
01 /** @type {import('tailwindcss').Config} */
01 module.exports = {
02   content: ['./public/**/*.html', './src/**/*.{vue,js,ts,jsx,tsx}'],
03   theme: {
04     extend: {},
05   },
06   plugins: [require("daisyui")],
07 }
```

在第 06 行中，新增 require("daisyui")，表示新增 daisyui 套件。

要測試是否成功安裝 daisyui 套件，打開 App.vue，在 <template></template> 內新增以下 HTML 標籤：

```
01 <template>
02   <button class="btn">Button</button>
03 </template>
```

使用瀏覽器開啟時，可以看見這樣的畫面：

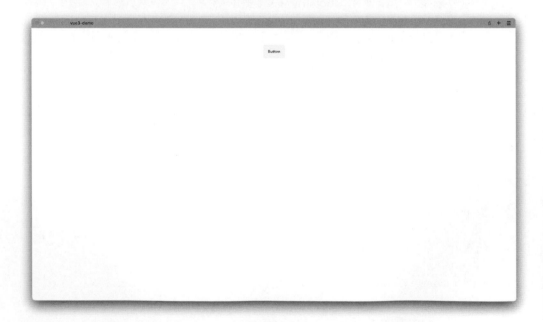

▲ 圖 7.3.1　成功整合 daisyUI

就表示成功的將 daisyui 套件安裝在 Vue3-demo 這個專案內了。

7.4 實務應用

接下來這一節會直接使用 7.2 節與 7.3 節介紹的框架，來建構出一個簡單的網頁外觀。

最終，是想要可以建構出以下這個 UI 畫面。

▲ 圖 7.4.1 一個簡單的網頁外觀

安裝好 tailwindcss 與 daisyui 後，先加入整體的外框，可以到 https://daisyui.com/components/drawer/ 查詢相關的用法。

修改 App.vue：

```
01 <template>
02   <div class="drawer">
03     <input id="my-drawer-3" type="checkbox" class="drawer-toggle" />
```

```
04    <div class="drawer-content flex flex-col">
05
06      <!-- Page content here -->
07      <div class="flex flex-grow">
08        <div class="w-64 p-2 bg-base-100 hidden lg:block">
09        </div>
10        <div class="w-full bg-base-100">
11        </div>
12      </div>
13    </div>
14  </div>
15 </template>
```

　　目前網頁還看不出來差別，接下來加入 Header 與 Menu，Menu 的用法可以到 https://daisyui.com/components/menu/ 查詢。

```
01 <template>
02   <div class="drawer">
03     <input id="my-drawer-3" type="checkbox" class="drawer-toggle" />
04     <div class="drawer-content flex flex-col">
05
06       <!-- Navbar -->
07       <div class="w-full navbar bg-base-200 border-b">
08         Header
09       </div>
10
11       <!-- Page content here -->
12       <div class="flex flex-grow">
13         <div class="w-64 p-2 bg-base-100 hidden lg:block">
14
15           <ul class="menu bg-base-200 w-56 rounded-box">
16             <li><a>Item 1</a></li>
17             <li><a>Item 2</a></li>
18             <li><a>Item 3</a></li>
19           </ul>
20
21         </div>
22         <div class="w-full bg-base-100">
23         </div>
```

```
24        </div>
25      </div>
26    </div>
27 </template>
```

第 07-09 行：加入 Header。

第 15-19 行：加入 Menu 列表。

而為了維護方便，通常會將 Header 與 Menu 另外使用元件的方式來製作，所以新增兩個檔案來放入這兩個元件，HeaderView.vue 與 MenuView.vue。

HeaderView.vue：

```
01 <template>
02   <div class="w-full navbar bg-base-200 border-b">
03     Header
04   </div>
05 </template>
```

MenuView.vue：

```
01 <template>
02   <ul class="menu bg-base-200 w-56 rounded-box">
03     <li><a>Item 1</a></li>
04     <li><a>Item 2</a></li>
05     <li><a>Item 3</a></li>
06   </ul>
07 </template>
```

回到 App.vue，修改為：

```
01 <template>
02   <div class="drawer">
03     <input id="my-drawer-3" type="checkbox" class="drawer-toggle" />
04     <div class="drawer-content flex flex-col">
06       <HeaderView />
07
08       <!-- Page content here -->
```

```
09        <div class="flex flex-grow">
10          <div class="w-64 p-2 bg-base-100 hidden lg:block">
11            <MenuView />
12          </div>
13          <div class="w-full bg-base-100">
14          </div>
15        </div>
16      </div>
17    </div>
18  </template>
19
20  <script>
21  import HeaderView from './HeaderView.vue'
22  import MenuView from './MenuView.vue'
23
24  export default {
25    name: 'HomeView',
26    components: {
27      HeaderView, MenuView
28    }
29  }
30  </script>
```

第 21-22 行：引用 HeaderView 與 MenuView。

第 26-27 行：宣告 HeaderView 與 MenuView 兩個元件。

第 06 行：使用 HeaderView 元件。

第 11 行：使用 MenuView 元件。

最後，可以參考 https://daisyui.com/components/table/ ，將表格的用法插入到第 13-14 行之間，就可以得到以下的畫面了：

▲ 圖 7.4.2 加入表格的 UI

7.5 本章重點摘要

回顧一下本章重點：

7.1 整合 bootstrap：

- 如何安裝 bootstrap 到 Vue3 專案。

7.2 整合 tailwindcss：

- Bootstrap 與 tailwindcss 的比較。
- 如何安裝 tailwindcss 到 Vue3 專案。

7.3 整合 daisyUI：

- tailwindcss 與 daisyUI 的比較。
- 如何安裝 daisyUI 到 Vue3 專案。

7.4 實務應用：

- 使用 tailwindcss 與 daisyUI 來建構一個簡單的 UI 畫面。

第 **8** 章

API 與 SDK 串接

　　網頁所呈現的資料內容，來自於伺服器上的資料庫，不管是文字、影音、照片圖檔等相關資料。而要存取這些資料必須要使用後端程式去讀取資料庫，然後透過相關邏輯處理，將資料丟給前端 Vue3 來接收。

這一章將會介紹如何使用 Vue3 來串接這些後端的 API，並且將資料呈現出來，本章將會分成 3 個小節：

8.1　Server API 串接：說明如何串接一般 Server API 的 JSON 格式。

8.2　Back4App 串接：說明如何串接 Back4app SDK。

8.3　Firebase 串接：說明如何串接 Firebase SDK。

建議讀者可以先從 2.3 節介紹的創建專案，來建立一個全新的專案來練習。因為本章的每一個小節都可以視為獨立的單元，讀者如果要實作練習的話，都可以先使用 2.3 節介紹的方式建立一個全新的專案，然後再來實作每一個單元。

8.1 Server API 串接

8.1.1 GET 方法

使用 Vue3 框架來製作前端，最重要的精神就是實行前後端分離，而前端與後端分離最主要串接方式就是透過 RESTful API 的方式，由前端也就是 Vue3 來當作資料索取者，對後端伺服器來索取資料。

本單元並不會討論後端伺服器如何實作 API，單純討論 Vue3 如何透過 API 來得到資料。

下面這個連結是使用 node.js 製作的一個簡單的 API，讀者也可以利用這個 API 來練習。

```
https://nodejs-demo-ut4o.onrender.com/test_get
```

如果直接點選用瀏覽器開啟的話，會顯示以下的 JSON 結果：

```
{"status":0,"data":{"name":"JK","email":"xxx@xxx.xxx"}}
```

要透過 RESTful API 來取得資料，通常都會使用 JSON 的格式來取得資料，它的語法會呈現：

```
key: value
```

也就是必須要先宣告一個 key，然後這個 key 的值也就是 value，而其結果通通都要使用 { } 包覆起來。在 JSON 的型別使用方式也可以使用字串、數值、布林、陣列或空值。

將上述提供的 API 網址的 JSON 回傳展開會呈現：

```
01 {
02   "status":0,
03   "data":{
04     "name":"JK",
05     "email":"xxx@xxx.xxx"
06   }
07 }
```

第 02 行：宣告 key 為 status，其值等於 0。

也可以透過雙層的結構來包覆，如第 03 行到第 06 行，宣告 data 是一個結構，這個結構有兩個 key，分別是 name 與 email。

接下來回到 Vue3 專案，要呼叫 API 必需要額外安裝套件 axios：

```
$ npm install axios
```

回到 App.vue 修改成：

```
01 <script>
02 import axios from 'axios';
03 export default {
04   mounted() {
```

```
05    axios.get('https://nodejs-demo-ut4o.onrender.com/test_get')
06      .then(response => {
07        const result = response.data;
08        console.log(result);
09      })
10      .catch(error => {
11        console.log('error', error);
12      })
13      .finally(() => {
14        console.log(' 完成 ')
15      })
16    }
17 }
18 </script>
```

第 02 行：必須要先引用 axios。

第 05 行：透過 axios 呼叫 get 函式，將測試的 API 網址填入。

第 06-15 行：總共會有三個回傳狀態。

第 07 行：正常取得 JSON 資料，使用 response 來取得 data，就是 API 回傳的資料。

第 10 行：如果發生失敗，通常可能的原因是網路狀態不穩，或者是伺服器端發生問題等。

第 13 行：資料取得完成。

如果要進一步將取得的資料轉換成變數型態，可以修改成：

```
01 <template>
02   <p>{{ name }}</p>
03   <p>{{ email }}</p>
04 </template>
05
06 <script>
07 import axios from 'axios';
08
```

```
09 export default {
10   data() {
11     return {
12       name: '',
13       email: '',
14     }
15   },
16
17   mounted() {
18     axios.get('https://nodejs-demo-ut4o.onrender.com/test_get')
19     .then(response => {
20       const result = response.data;
21       if (result.status == 0) {
22         this.name = result.data.name;
23         this.email = result.data.email;
24       }
25       console.log(result);
26     })
27     .catch(error => {
28       console.log('error', error);
29     })
30     .finally(() => {
31       console.log(' 完成 ')
32     })
33   }
34 }
35 </script>
```

由於 API 已經回傳 JSON 格式，就可以直接透過 result ，就像直接使用結構變數一樣，使用 「 . 變數」就可以直接取得 JSON 的資料了。而這也是 Vue3 串接 JSON 強大的地方。

另外上述的寫法也可以改寫成：

```
01 <template>
02   <p>{{ name }}</p>
03   <p>{{ email }}</p>
04 </template>
05
```

```
06 <script>
07 import axios from 'axios';
08
09 export default {
10   data() {
11     return {
12       name: '',
13       email: '',
14     }
15   },
16
17   async mounted() {
18     const getData = async () => {
19       try {
20         const response = await axios.get('https://nodejs-demo-ut4o.onrender.com/
test_get');
21         if (response.data.status == 0) {
22           this.name = response.data.data.name;
23           this.email = response.data.data.email;
24         }
25       }
26       catch (error) {
27         console.error(error);
28       }
29     }
30
31     await getData();
32   }
33 }
34 </script>
```

如果這個改寫無法理解的話，拆解成以下說明。

先將原本呼叫方式改成：

```
const response = axios.get('https://nodejs-demo-ut4o.onrender.com/test_get');
```

然後使用 try catch 來取得錯誤：

```
01 try {
02   const response = axios.get('https://nodejs-demo-ut4o.onrender.com/test_get');
03 }
04 catch (error) {
05     console.error(error);
06 }
```

使用函式包覆：

```
01 const getData = () => {
02   try {
03     const response = axios.get('https://nodejs-demo-ut4o.onrender.com/test_get');
04   }
05   catch (error) {
06     console.error(error);
07   }
08 }
```

Vue3 呼叫 API 時，必須要有一個等待的機制，因為透過網路傳輸的行為，在程式面的呼叫邏輯不是線性的，它是不連續的行為，所以必須要讓呼叫 API 產生等待的動作，就會使用 await 的機制：

```
01 const getData = () => {
02   try {
03     const response = await axios.get('https://nodejs-demo-ut4o.onrender.com/test_get');
04   }
05   catch (error) {
06     console.error(error);
07   }
08 }
```

但是如果函式的內部使用了 await 機制，則必須要用 async 來產生不同步的狀態：

```
01 async mounted() {
02   const getData = async () => {
```

```
03    try {
04      const response = await axios.get('https://nodejs-demo-ut4o.onrender.com/test_
get');
05    }
06    catch (error) {
07      console.error(error);
08    }
09  }
10
11  await getData();
12 }
```

8.1.2 POST 方法

上一個單元讀取 Server API 的方式稱為 GET，這個單元要來介紹如何使用 POST 的方式。

下面這個連結是使用 node.js 製作的一個簡單的 API：

https://nodejs-demo-ut4o.onrender.com/test_post

可以透過這個 API 來測試 POST 的行為，並且可以接收一個參數為 name。

修改 App.vue ：

```
01 <template>
02   <p>{{ name }}</p>
03 </template>
04
05 <script>
06 import axios from 'axios';
07
08 export default {
09   data() {
10     return {
11       name: '',
12       email: '',
13     }
14   },
```

```
15
16   async mounted() {
17     const getData = async () => {
18       try {
19         const response = await axios.post('https://nodejs-demo-ut4o.onrender.com/
test_post', { name: 'JK' });
20         if (response.data.status == 0) {
21           this.name = response.data.data.name;
22         }
23       }
24       catch (error) {
25         console.error(error);
26       }
27     }
28
29     await getData();
30   }
31 }
32 </script>
```

第 19 行：使用 axios.post 帶入測試網址，並且帶入結構變數，{ name: 'JK' } 裡面宣告的名稱 name，就是該網址可以接收 POST 方法的名稱。

在這個測試 API 會直接回傳：

```
01 {
02   "status":0,
03   "data":{
04       "name":"JK",
05   }
06 }
```

其中的 name 會直接將 POST 結構變數的 name 回傳，然後使用一樣的方式擷取 JOSN 即可。

8.2 Back4app 串接

Back4app 是一個後端資料服務平台，提供一個即時的線上資料庫供前端使用，只需要使用 Back4app 所提供的 SDK，而不需要另外編寫 Server API，就可以很方便的進行資料庫的儲存。

雖然 Back4app 是一個隨用隨付的平台，也就是用多少付多少的機制，但對於想要練習用 Vue3 來使用 Back4app 的 SDK ，其免費版本就已經足夠使用，讀者不用擔心會需要付費。

8.2.1 建立專案

登入 Back4app 後，點選右上角的「New app」，建立一個新的專案。

▲ 圖 8.2.1　Back4app 建立新專案

專案建立的第一頁會問卷調查，這裡讀者可以自行選擇，完成後，點選右下角的「NEXT」。

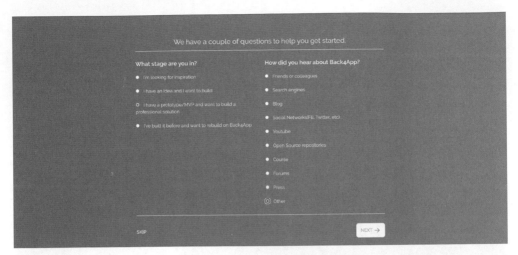

▲ 圖 8.2.2 Back4app 建立新專案

建立專案的方式有兩種，選擇左邊的「Backend as a Service」即可，也就是使用 SDK 來存取 Back4app 的資料庫。

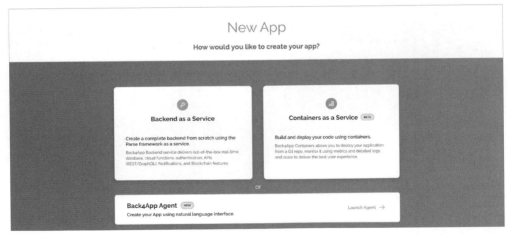

▲ 圖 8.2.3 Back4app 建立新專案

命名專案名稱，這裡也是讀者自由命名。完成後，點選「CREATE」。

▲ 圖 8.2.4 Back4app 建立新專案

專案建立後，會直接跳轉到後台頁面。

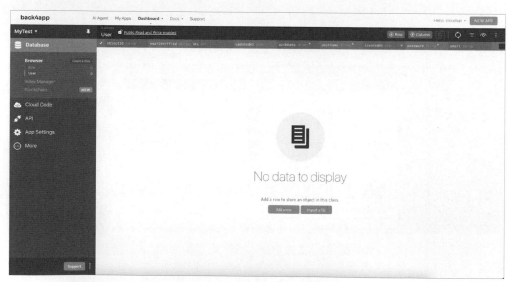

▲ 圖 8.2.5 Back4app 新專案建立完成

完成以上的步驟，專案就建立完成了。

8.2.2 連接 Back4app 的專案

請參考 2.3 節建立一個全新的 Vue3 專案後，開啟 Vue3 專案，安裝 Back4app 所需要的套件：

```
$ npm install parse --save
```

接下來要連線到 Back4app，也就是初始化 Back4app，開啟 main.js：

```
01 import { createApp } from 'vue'
02 import App from './App.vue'
03
04 import { Parse } from 'parse/dist/parse.min.js';
05 Parse.initialize('WxbpAnhRlhKrpEmgzgth2OUcvfG78dSDuU7OrvHZ', 'o0yqlUm0N1fxAFMEt1GSt
z7RBGHPbARNFs7fcoBJ');
06 Parse.serverURL = 'https://parseapi.back4app.com';
07
08 createApp(App).mount('#app')
```

第 04 行：引用 Parse，這個 Parse 就是 Back4App 的 SDK。

第 05 行：輸入 App ID 與 JavaScript Key，這兩個資訊可以在 Back4app 的後台裡找到：

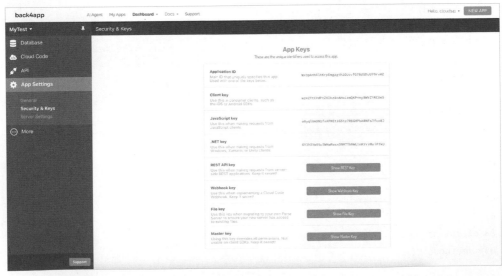

▲ 圖 8.2.6 Back4app 密鑰資訊

完成以上的步驟，Back4app 的初始化就完成了。

8.2.3　上傳資料

Back4app 的資料庫格式與 MySQL 非常類似，會需要在一個 table 內新增資料，但好處是不需要先定義 table 與欄位的名稱，直接使用 Back4app SDK 就可以開創新的 table。

例如：

```
01 const toDoList = new Parse.Object("ToDoList");
02 toDoList.set("toDo", " 學習 Vue3 從零開始 ");
03
04 try {
05     let result = await toDoList.save()
06 }
07 catch (error) {
08 }
```

第 01 行：使用 new Parse.Object 帶入名稱，就可以新增一個物件，在 Back4app 裡，物件就類似於 table。

第 02 行：使用 set，第一個參數帶入名稱，相當於欄位名稱，第二個欄位為要儲存的值。

第 04-08 行：進行上傳。

完整程式碼：

```
01 <template>
02   <button @click="saveNewPerson">Save</button>
03 </template>
04
05 <script>
06 import { Parse } from 'parse/dist/parse.min.js';
07
08 export default {
09   methods: {
```

```
10      async saveNewPerson() {
11        const toDoList = new Parse.Object("ToDoList");
12        toDoList.set("toDo", " 學習 Vue3 從零開始 ");
13
14        try {
15          let result = await toDoList.save()
16          alert(result.id);
17        }
18        catch (error) {
19          alert(error.message);
20        }
21      }
22    }
23  };
24  </script>
```

執行上述程式碼，在網頁上按下按鈕之後，回到 Back4app 後台頁面，就可以發現多了一個 table 且新增一筆資料。

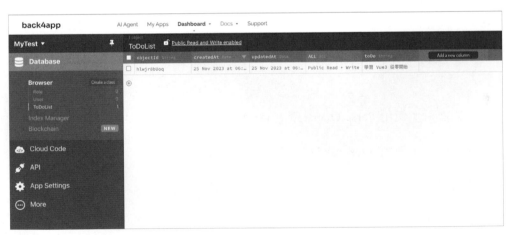

▲ 圖 8.2.7 Back4app 新增資料

8.2.4 讀取資料

當後端資料庫已經儲存多筆資料時，如：

▲ 圖 8.2.8　Back4app 新增資料

要讀取多筆資料必須要透過 Parse.Query 來存取：

```
01 try {
02   const query = new Parse.Query("ToDoList");
03   const items = await query.find();
04 }
05 catch (error) {
06   console.log(error);
07 }
```

第 02 行：使用 Parse.Query 帶入 table 名稱

第 03 行：使用 query.find 讀取資料

完整程式碼：

```
01 <template>
02   <ul v-for="(item, index) in items" :key="index">
03     <li>{{ item.id }} {{ item.get('toDo') }}</li>
04   </ul>
05 </template>
06
07 <script>
08 import { Parse } from 'parse/dist/parse.min.js';
09
10 export default {
```

```
11   data() {
12     return {
13       items: [],
14     }
15   },
16   async mounted() {
17     const getData = async () => {
18       try {
19         const query = new Parse.Query("ToDoList");
20         this.items = await query.find();
21       }
22       catch (error) {
23         console.log(error);
24       }
25     }
26
27     await getData();
28   },
29 };
30 </script>
```

第 11-15 行：在 data() 內部宣告一個陣列 items 用來儲存多筆資料。

第 20 行：將讀取的資料存入到陣列 items。

第 02-04 行：最後透過 v-for 將資料顯示出來。

第 03 行：要存取某個欄位的資料要透過 item.get('toDo') 帶入欄位名稱。

8.2.5 更新資料

要更新某一個欄位的資料時，可以使用 8.2.4 讀取資料的方式，篩選出要更新的資料後進行更新，而要篩選出資料可以使用 query.equalTo 先查詢某一筆資料出來：

```
01 const query = new Parse.Query("ToDoList");
02 query.equalTo("objectId", 'hlwjr8bUoq');
03 const toDo = await query.first();
```

第 02 行：equalTo 先帶入欄位名稱 objectId，而在第二參數輸入要帶入的 id 值，透過 query.first 就可以先將該筆資料查詢出來。

然後一樣透過 set 的方式，將新的值帶入，最後透過 save() 將資料上傳：

```
01 toDo.set('toDo', ' 學習 Vue3 從零開始，基礎邁向實務 ');
02 let result = await toDo.save()
```

完整程式碼：

```
01 <template>
02   <ul v-for="(item, index) in items" :key="index">
03     <li>{{ item.id }} {{ item.get('toDo') }}</li>
04   </ul>
05 </template>
06
07 <script>
08 import { Parse } from 'parse/dist/parse.min.js';
09
10 export default {
11   data() {
12     return {
13       items: [],
14     }
15   },
16   async mounted() {
17     const getData = async () => {
18       try {
19         const query = new Parse.Query("ToDoList");
20         this.items = await query.find();
21       }
22       catch (error) {
23         console.log(error);
24       }
25     }
26
27     const update = async() => {
28       try {
29         const query = new Parse.Query("ToDoList");
```

```
30
31        query.equalTo("objectId", 'hlwjr8bUoq');
32        const toDo = await query.first();
33
34        toDo.set('toDo', ' 學習 Vue3 從零開始，基礎邁向實務 ');
35        let result = await toDo.save()
36        alert(result.id);
37      }
38    catch (error) {
39        console.log(error);
40      }
41    }
42
43    await getData();
44    await update();
45  },
46 };
47 </script>
```

8.2.6　刪除資料

刪除資料只要呼叫 destroy() 即可，將 8.2.5 的 update 函式修改為：

```
01 const delete = async() => {
02   try {
03      const query = new Parse.Query("ToDoList");
04      query.equalTo("objectId", 'hlwjr8bUoq');
05      const toDo = await query.first();
06      toDo.destroy()
07   }
08     catch (error) {
09         console.log(error);
10   }
11 }
```

第 06 行：將查詢出來的物件，直接呼叫 destroy()，就可以將該筆資料刪除掉。

8.3　Firebase 串接

在 6.4 節有介紹過如何將 Vue3 專案部署到 Firebase，這個單元延續該單元，來繼續討論如何把 Firebase 當作後端資料庫，透過 Vue3 來存取。

使用 Firebase 可以大幅省去後端的開發資源，只需要專心在前端 Vue3 的開發即可，但要注意的是 Firebase 雖然有提供免費的使用額度，但如果需要在專案上使用時，還是需要考慮到預算的支出。

所以如果是前端的開發者，沒有後端資料庫的資源，想練習透過 Vue3 來存取資料庫，Firebase 不失為一個好的選擇。

8.3.1　建立專案

首先開啟 Firebase 後台介面，在右邊選項找到「Firestore Database」，點選「建立資料庫」

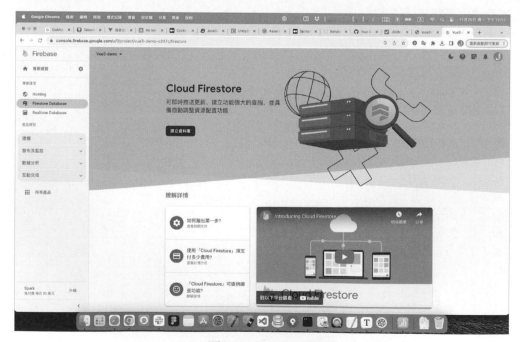

▲ 圖 8.3.1　Firebase 後台

這裡我將位置設定為 Taiwan，在網路的傳輸上會比較快速。

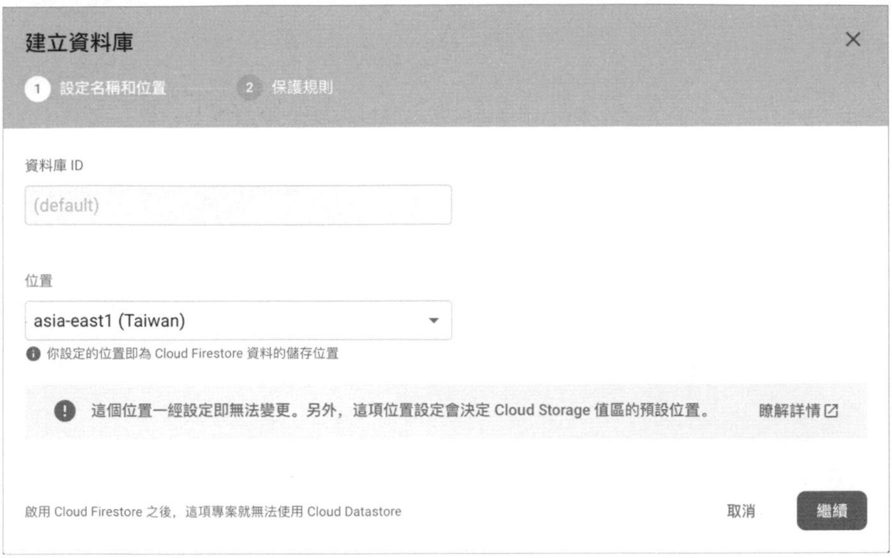

▲ 圖 8.3.2 Firebase 建立資料庫

選擇「測試模式」即可。

▲ 圖 8.3.3 Firebase 建立資料庫

啟用成功後，會回到 Cloud Firestore，可以發現目前完全沒有任何資料。

▲ 圖 8.3.4　Firebase 建立資料庫

需要把存取資料庫的密鑰相關設定值，放在 Vue3 專案內，點選「專案設定」，在下方可以找到這些設定值。

▲ 圖 8.3.5　Firebase 密鑰資訊

回到 Vue3 專案，安裝套件：

```
$ npm install --save firebase
```

開啟 App.vue ，放入剛剛在專案設定內的密鑰設定值：

```
01 <script>
02 import { initializeApp } from 'firebase/app';
03
04 const firebaseConfig = {
05   apiKey: "AIzaSyD_kpAG22uAF_-GiRS6KoWyPHOUqgXnOxM",
06   authDomain: "vue3-demo-c247c.firebaseapp.com",
07   projectId: "vue3-demo-c247c",
08   storageBucket: "vue3-demo-c247c.appspot.com",
09   messagingSenderId: "404392072913",
10   appId: "1:404392072913:web:691145be87bcfa7551d7f0"
11 };
12 const app = initializeApp(firebaseConfig);
13
14 export default {
15 };
16 </script>
```

8.3.2 新增集合

Firebase 的資料庫結構是使用非關聯式的結構，跟一般的 MySQL 資料庫格式差異相當大。

它的結構會是呈現：集合 -> 文件 -> 欄位，也就是必須要先新增集合，才能新增文件，以此類推。可以把文件想像成 MySQL 的 Table，把文件想像成每一個 Table 的 row，而欄位就是 Table 的欄位。

在上一個單元完成了 Firebase 的初始化，而要新增集合必須要先引用 getFirestore、collection、addDoc：

```
import { getFirestore, collection, addDoc } from 'firebase/firestore';
```

getFirestore 用來存取 Firestore

collection 用來操作集合

addDoc 用來新增文件

取得資料庫的操作使用 getFirestore，並且把上一個單元的設定值輸入：

```
const firestore = getFirestore(app);
```

要新增集合，必須透過 collection：

```
const collectionRef = collection(firestore, 'user');
```

在這裡就針對 user 這個集合來做操作。

最後透過 addDoc，來新增文件：

```
01 addDoc(collectionRef, {
02   key1: 'value1',
03     key2: 'value2',
04 });
```

將集合物件 collectionRef 透過 addDoc，並且輸入一個結構，就是所要輸入的欄位名稱，與對應的值。

所以整理上述的操作，新增一個集合為 user，並且新增一組文件，這個文件有兩個欄位分別是 name 與 email。

完整程式碼如下：

```
01 <template>
02   <button @click="addDataToFirestore">Add Data</button>
03 </template>
04
05 <script>
06 import { initializeApp } from 'firebase/app';
07 import { getFirestore, collection, addDoc } from 'firebase/firestore';
```

```
08
09 const firebaseConfig = {
10   apiKey: "AIzaSyD_kpAG22uAF_-GiRS6KoWyPHOUqgXnOxM",
11   authDomain: "vue3-demo-c247c.firebaseapp.com",
12   projectId: "vue3-demo-c247c",
13   storageBucket: "vue3-demo-c247c.appspot.com",
14   messagingSenderId: "404392072913",
15   appId: "1:404392072913:web:691145be87bcfa7551d7f0"
16 };
17 const app = initializeApp(firebaseConfig);
18 const firestore = getFirestore(app);
19
20 export default {
21   methods: {
22     async addDataToFirestore() {
23       try {
24         const collectionRef = collection(firestore, 'user');
25         await addDoc(collectionRef, {
26           name: 'value1',
27           email: 'value2',
28         });
29
30         console.log('Data added to Firestore successfully!');
31       }
32       catch (error) {
33         console.error('Error adding data to Firestore:', error);
34       }
35     },
36   },
37 };
38 </script>
```

開啟瀏覽器，按下按鈕之後，回到 Firebase 可以發現資料被成功上傳了：

▲ 圖 8.3.6 Firebase 新增資料

8.3.3 瀏覽文件

要讀取文件，必須要先引用 getDocs：

import { getFirestore, collection, addDoc, getDocs } from 'firebase/firestore';

讀取一個集合內的所有文件：

```
01 const collectionRef = collection(firestore, 'user');
02 const querySnapshot = await getDocs(collectionRef);
03 querySnapshot.forEach((doc) => {
04 });
```

第 02 行：使用 getDocs 將 collectionRef 物件傳入，然後使用 forEach 走訪所有文件資料。

完整程式碼：

```
01 <template>
02   <div v-for="(item) in users" :key="item.id">
03     <p>
04       {{ item.id }}
05     </p>
06     <p>
07       {{ item.data().name }}
```

```
08      </p>
09      <p>
10        {{ item.data().email }}
11      </p>
12    </div>
13 </template>
14
15 <script>
16 import { initializeApp } from 'firebase/app';
17 import { getFirestore, collection, addDoc, getDocs } from 'firebase/firestore';
18
19 const firebaseConfig = {
20   apiKey: "AIzaSyD_kpAG22uAF_-GiRS6KoWyPHOUqgXnOxM",
21   authDomain: "vue3-demo-c247c.firebaseapp.com",
22   projectId: "vue3-demo-c247c",
23   storageBucket: "vue3-demo-c247c.appspot.com",
24   messagingSenderId: "404392072913",
25   appId: "1:404392072913:web:691145be87bcfa7551d7f0"
26 };
27 const app = initializeApp(firebaseConfig);
28 const firestore = getFirestore(app);
29
30 export default {
31   data() {
32     return {
33       users: [],
34     }
35   },
36   async mounted() {
37     const getUserDocuments = async () => {
38       try {
39         const collectionRef = collection(firestore, 'user');
40         const querySnapshot = await getDocs(collectionRef);
41         querySnapshot.forEach((doc) => {
42           this.users.push(doc);
43         });
44       }
45       catch (error) {
46         console.error(error);
```

```
47        }
48    };
49
50    await getUserDocuments();
51  },
52 };
53 </script>
```

8.3.4　更新文件欄位

要更新文件，必須要先引用 doc 與 updateDoc：

```
import { getFirestore, collection, addDoc, getDocs, doc, updateDoc } from 'firebase/firestore';
```

firebase 會給予每一個文件一個唯一的 id，如：

▲ 圖 8.3.7　Firebase 更新文件

而要取得這個 id，可以在走訪文件時使用 id 來取得：

```
01 const collectionRef = collection(firestore, 'user');
01 const querySnapshot = await getDocs(collectionRef);
02 querySnapshot.forEach((doc) => {
03     // 取得 id 使用：doc.id
04 });
```

第 03 行：使用 doc.id 來取得 id。

所以在更新文件時，就必須要指定文件的 id：

```
01 const userRef = doc(firestore, 'user', id);
02 await updateDoc(userRef, {
03   name: 'New Name',
04 });
```

第 01 行：呼叫 doc 時，最後一個參數帶入 id。然後第 02 行使用 updateDoc 帶入文件的參考物件 userRef，而在這裡將欄位 name 更新為 'New Name'。

此外，firebase 允許使用 updateDoc 時，同時新增欄位：

```
01 const userRef = doc(firestore, 'user', id);
02 await updateDoc(userRef, {
03   name: 'New Name',
04   gender: 'male',
05 });
```

第 04 行新增一個欄位 gender。

最後，文件內也可以再新增一個集合：

```
01 const userRef1 = doc(firestore, 'user', id);
02 const dataRef = collection(userRef1, 'data');
03 await addDoc(dataRef, {
04   name: 'user3',
05   email: 'user3@user3',
06 });
```

第 02 行：宣告新的集合 data。

第 03-06 行：將文件新增到這個新的集合。

如此，回到後台就可以看到文件內成功新增一個集合了。

▲ 圖 8.3.8　Firebase 文件內新增集合

8.4　本章重點摘要

回顧一下本章重點：

8.1　Server API 串接：

- 如何串接 GET API 的 JSON 格式。
- 如何串接 POST API 的 JSON 格式。

8.2　Back4App 串接：

- 如何建立 Back4App 專案。
- 如何連接 Back4App 專案。
- 如何上傳資料到 Back4App。
- 如何讀取 Back4App 的資料。
- 如何更新 Back4App 的資料。
- 如何刪除 Back4App 的資料。

8.3 Firebase 串接：

- 如何建立 Firebase 專案。

- 如何新增集合。

- 如何新增文件。

- 如何更新文件。

第 **9** 章

實務應用

　　這一章將會進入實務應用，也就是真正將前面幾章所學到的東西真正的應用在網頁的開發上，本章將會分成 8 個小節：

9.1　input 警示：展示當欄位為輸入時，如何顯示警告。

9.2　讀取按鈕：展示當按鈕按下時，如何新增讀取中動畫。

9.3　按鈕群組：展示 Tab 按鈕群組的製作方式。

9.4　檔案讀取：展示讀取遠端圖片、影片與音樂的檔案。

9.5　檔案上傳：展示將檔案上傳。

9.6　動態表單：展示動態新增或刪除表單欄位。

9.7　表單控制：展示表單欄位的互相依賴影響，某個欄位表動時，另外一個欄位才可以輸入。

9.8　拖曳效果：展示元件的拖曳功能。

建議讀者可以先從 2.3 節介紹的創建專案，來建立一個全新的專案來練習。因為本章的每一個小節都可以視為獨立的單元，讀者如果要實作練習的話，都可以先使用 2.3 節介紹的方式建立一個全新的專案，然後再來實作每一個單元。

█ 9.1 輸入框警示

　　這個單元要來練習如何讓表單的輸入框，可以根據所輸入的內容來產生警告。做法有非常多種，第一種做法是直接使用一個標籤來顯示。

　　首先，先宣告一個輸入框：

```
01 <template>
02   <input type="text" v-model="text">
03 </template>
04
05 <script>
```

```
06 export default {
07   data() {
08     return {
09       text: '',
10     };
11   },
12 };
13 </script>
```

加入一個 <p> 標籤來表示警告：

```
01 <template>
02   <input type="text" v-model="text">
03   <p v-show="!text">欄位未填寫 </p>
04 </template>
05
06 <script>
07 export default {
08   data() {
09     return {
10       text: '',
11     };
12   },
13 };
14 </script>
```

<p> 標籤使用 v-show 來綁定變數 text，這邊使用 !text，表示當 text 為空字串時，v-show 會等於 true，就會將 <p> 標籤顯示網頁上。否則的話，也就是 text 不等於空白時，v-show 會等於 false，<p> 標籤就不會顯示網頁上。

第二種做法是使用綁定樣式到 class 上，例如：

```
01 <template>
02   <input type="text" v-model="text" :class="{ 'alert': !text }">
03 </template>
04
05 <script>
06 export default {
07   data() {
```

```
08     return {
09       text: '',
10     };
11   },
12 };
13 </script>
14
15 <style>
16 .alert {
17   border-style: solid;
18   border-color: red;
19 }
20 </style>
```

第 16-19 行：先宣告樣式 .alert，表示會將邊界顏色改為紅色的線條。

然後將 class 綁定到變數 text，這裡使用 { 'alert': !text } 表示 text 等於空字串時，就會出現 alert 這個樣式，否則的話就不會出現。

此外，如果有安裝 Tailwindcss 框架的話，也可以直接使用該框架的邊界顏色樣式：

```
<input type="text" v-model="text" :class="{ 'border-red-500': !text }" />
```

如果使用 daisyUI 框架，則可以修改為：

```
<input type="text" v-model="text" :class="{ 'input-error': !text }" />
```

9.2 讀取按鈕

這個單元將會展示當按鈕按下時，可以在按鈕內出現讀取的動畫。

首先，先宣告一個 button：

```
01 <template>
02   <button class="btn" @click="buttonTapped">button</button>
03 </template>
04
05 <script>
06 export default {
07   data() {
08     return {
09     };
10   },
11   methods: {
12     buttonTapped() {
13     },
14   },
15 };
16 </script>
```

第 02 行：宣告一個 button，並且將 click 觸發事件綁定到 buttonTapped 函式。

新增一個 daisyui 的讀取動畫標籤：

```
01 <template>
02   <button class="btn" @click="buttonTapped">
03     <span className="loading loading-spinner loading-md"></span>
04     button
05   </button>
06 </template>
```

使用瀏覽器開啟會顯示：

▲ 圖 9.2.1　讀取動畫

最後使用變數綁定的方式，將 <span></span> 標籤綁定到變數：

```
01 <template>
02   <button class="btn" @click="buttonTapped">
03     <span className="loading loading-spinner loading-md" v-show="isTapped"></span>
04     button
05   </button>
06 </template>
07
08 <script>
09 export default {
10   data() {
11     return {
12       isTapped: false,
13     };
14   },
15   methods: {
```

```
16    buttonTapped() {
17      this.isTapped = true;
18    },
19  },
20 };
21 </script>
```

第 12 行：宣告變數 isTapped，初始值為 false。

第 17 行：將按鈕按下的事件觸發時，修改 isTapped 為 true。

第 03 行：將變數 isTapped 綁定到 v-show。

回到瀏覽器，當按鈕按下時，就會顯示這個讀取的動畫。

以上是 Option API 的寫法，如果要使用 Composition API 的寫法，修改如下，讀者可自行參考。

```
01 <template>
02   <button class="btn" @click="buttonTapped">
03     <span className="loading loading-spinner loading-md" v-show="isTapped"></span>
04     button
05   </button>
06 </template>
07
08 <script>
09 import { ref } from 'vue';
10
11 export default {
12   setup() {
13     const isTapped = ref(false);
14
15     function buttonTapped() {
16       isTapped.value = true;
17     }
18
19     return {
20       isTapped, buttonTapped
21     };
```

```
22  }
23 };
24 </script>
```

9.3 按鈕群組

這個單元將會展示 Tab 按鈕群組的製作方式。

一開始先新增三個元件檔案，分別是 components/MyComponent1.vue：

```
01 <template>
02   <p>MyComponent 1</p>
03 </template>
04
05 <script>
06 export default {
07   name: 'MyComponent_1',
08 };
09 </script>
```

第二個元件檔案，components/MyComponent2.vue：

```
01 <template>
02   <p>MyComponent 2</p>
03 </template>
04
05 <script>
06 export default {
07   name: 'MyComponent_2',
08 };
09 </script>
```

第三個元件檔案，components/MyComponent3.vue：

```
01 <template>
02   <p>MyComponent 3</p>
03 </template>
04
```

```
05 <script>
06 export default {
07   name: 'MyComponent_3',
08 };
09 </script>
```

開啟 App.vue 來引用這三個元件：

```
01 <template>
02 </template>
03
04 <script>
05 import MyComponent1 from './components/MyComponent1.vue';
06 import MyComponent2 from './components/MyComponent2.vue';
07 import MyComponent3 from './components/MyComponent3.vue';
08
09 export default {
10   components: {
11     MyComponent1,
12     MyComponent2,
13     MyComponent3,
14   },
15 };
16 </script>
```

然後在 <template></template> 內宣告三個按鈕與這三個元件：

```
01 <template>
02   <button class="btn">MyComponent1</button>
03   <button class="btn">MyComponent2</button>
04   <button class="btn">MyComponent3</button>
05
06   <MyComponent1 />
07   <MyComponent2 />
08   <MyComponent3 />
09 </template>
```

所以目前的畫面上，就會同時顯示這三個按鈕與三個元件的內容。

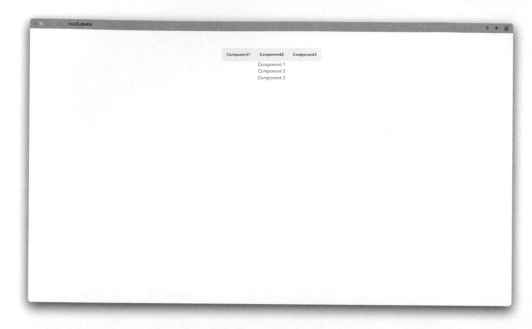

▲ 圖 9.3.1 呈現三個按鈕與三個元件

這邊的功能會需要當按鈕按下時，才會根據按下哪一個按鈕顯示對應的元件，所以必須要新增函式來實現這個功能：

```
01 <template>
02   <button class="btn" @click="show('tab1')"> MyComponent1</button>
03   <button class="btn" @click="show('tab2')"> MyComponent2</button>
04   <button class="btn" @click="show('tab3')"> MyComponent3</button>
05
06   <MyComponent1 />
07   <MyComponent2 />
08   <MyComponent3 />
09 </template>
10
11 <script>
12 import MyComponent1 from './components/MyComponent1.vue';
13 import MyComponent2 from './components/MyComponent2.vue';
14 import MyComponent3 from './components/MyComponent3.vue';
```

```
15
16 export default {
17   components: {
18     MyComponent1,
19     MyComponent2,
20     MyComponent3,
21   },
22   data() {
23     return {
24       selectTab: 'tab1',
25     };
26   },
27   methods: {
28     show(name) {
29       this.selectTab = name;
30     },
31   },
32 };
33 </script>
```

第 24 行：宣告了一個變數 selectTab，初始值為 tab1。

而這三個按鈕按下時，都會會呼叫 show 這個函式，然後帶入的參數會將變數 selectTab 做更新。

這樣還不夠，當變數 selectTab 被更新時，這三個元件也要根據變數 selectTab 來顯示或者消失，所以使用 v-if 來實現這個功能：

```
01 <template>
02   <button class="btn" @click="show('tab1')"> MyComponent1</button>
03   <button class="btn" @click="show('tab2')"> MyComponent2</button>
04   <button class="btn" @click="show('tab3')"> MyComponent3</button>
05
06   <MyComponent1 v-if="selectTab === 'tab1'" />
07   <MyComponent2 v-if="selectTab === 'tab2'" />
08   <MyComponent3 v-if="selectTab === 'tab3'" />
09 </template>
10
11 <script>
```

```
12 import MyComponent1 from './components/MyComponent1.vue';
13 import MyComponent2 from './components/MyComponent2.vue';
14 import MyComponent3 from './components/MyComponent3.vue';
15
16 export default {
17   components: {
18     MyComponent1,
19     MyComponent2,
20     MyComponent3,
21   },
22   data() {
23     return {
24       selectTab: 'tab1',
25     };
26   },
27   methods: {
28     show(name) {
29       this.selectTab = name;
30     },
31   },
32 };
33 </script>
```

第 06-08 行：使用 v-if 來判斷變數 selectTab 是否等於該元件的名稱。

如此，一個基本的使用按鈕來切換頁面的效果就完成了。

但這個時候如果去修改某一個元件，例如在 MyComponent3.vue 內加入表單的 input 欄位：

```
01 <template>
02   <p>MyComponent 3</p>
03   <input type="text" placeholder="Type here" class="input input-bordered w-full
max-w-xs" />
04 </template>
05
06 <script>
07 export default {
08   name: 'MyComponent_3',
```

```
09 };
10 </script>
```

當切換到 MyComponent3 時，並且去輸入內容到 input 時，然後又切換到另外一個 MyComponent1 或者 MyComponent2，當再度切換到 MyComponent3 時，會發現這個 input 的內容會被清空。

所以這邊如果要實現元件不會被清空，就要使用 keep alive 來實現：

```
01 <template>
02   <button class="btn" @click="show('tab1')">MyComponent1</button>
03   <button class="btn" @click="show('tab2')">MyComponent2</button>
04   <button class="btn" @click="show('tab3')">MyComponent3</button>
05
06   <MyComponent1 v-if="selectTab === 'tab1'" />
07   <MyComponent2 v-if="selectTab === 'tab2'" />
08   <keep-alive>
09     <MyComponent3 v-if="selectTab === 'tab3'" />
10   </keep-alive>
11 </template>
12
13 <script>
14 import MyComponent1 from './components/MyComponent1.vue';
15 import MyComponent2 from './components/MyComponent2.vue'
16 import MyComponent3 from './components/MyComponent3.vue';
17
18 export default {
19   components: {
20     MyComponent1,
21     MyComponent2,
22     MyComponent3,
23   },
24   data() {
25     return {
26       selectTab: 'tab1',
27     };
28   },
29   methods: {
30     show(name) {
```

```
31      this.selectTab = name;
32    },
33  },
34 };
35 </script>
```

　　第 08-10 行：加入 <keep-alive></keep-alive> 標籤，然後包覆 MyComponent3 元件，就可以保留元件內的輸入內容了。

9.4 檔案讀取

　　這個單元要來介紹如何透過 API 的方式讀取資源檔案，例如圖片、音樂、影片等。

9.4.1 圖片

　　這裡將會直接使用在 8.1 節所介紹過的呼叫 API 的方式來讀取資料，以下這個網址：https://nodejs-demo-ut4o.onrender.com/test_data 是測試網址，它會回傳：

```
01 {
02   "status":0,
03   "data":{
04     "image":"https://nodejs-demo-ut4o.onrender.com/jk.png"
05   }
06 }
```

　　所以先在 App.vue 建立呼叫 API 的程式：

```
01 <script>
02 import axios from 'axios';
03
04 export default {
05   data() {
06     return {
07       image: '',
```

```
08      }
09    },
10
11    mounted() {
12      const getData = () => {
13        axios.get('https://nodejs-demo-ut4o.onrender.com/test_data')
14          .then(response => {
15            const result = response.data;
16            if (result.status == 0) {
17              this.image = result.data.image;
18            }
19          })
20          .catch(error => {
21            console.log('error', error);
22          })
23          .finally(() => {
24            console.log(' 完成 ')
25          })
26      }
27
28      getData();
29    }
30 }
31 </script>
```

第 07 行：宣告一個變數 image，型別為字串，是用來儲存圖片的網址。

第 13-26 行：使用 axios.get 來呼叫測試的 API 網址。

第 17 行：將回傳的 JSON 資料儲存到變數 image。

而要將圖片網址在網頁上顯示出來，需要透過變數綁定的方式到 img 標籤上：

```
01 <template>
02   <img :src="image" width="100">
03 </template>
```

　　在 Vue3 之中，任何 HTML 屬性都可以透過綁定方式與程式邏輯產生互動，例如上述的完整語法其實是：

```
01 <template>
02   <img v-bind:src="image" width="100">
03 </template>
```

　　v-bind:src 就是變數綁定的方式，直接綁定到程式邏輯內的變數，v-bind 可以省略成 :src。

　　完整語法：

```
01 <template>
02   <img v-bind:src="image" width="100">
03 </template>
04
05 <script>
06 import axios from 'axios';
07
08 export default {
09   data() {
10     return {
11       image: '',
12     }
13   },
14
15   mounted() {
16     const getData = () => {
17       axios.get('https://nodejs-demo-ut4o.onrender.com/test_data')
18         .then(response => {
19           const result = response.data;
20           if (result.status == 0) {
21             this.image = result.data.image;
22           }
23         })
24         .catch(error => {
25           console.log('error', error);
26         })
27         .finally(() => {
```

```
28          console.log('完成')
29        })
30      }
31
32      getData();
33    }
34 }
35 </script>
```

9.4.2 音樂與影片

一樣使用測試網址：https://nodejs-demo-ut4o.onrender.com/test_data，多了音樂與影片的網址：

```
01 {
02   "status":0,
03   "data":{
04     "image":"https://nodejs-demo-ut4o.onrender.com/jk.png",
05     "audio":"https://nodejs-demo-ut4o.onrender.com/jk.mp3",
06     "video":"https://nodejs-demo-ut4o.onrender.com/jk.mp4"
07   }
08 }
```

使用相同的方式讀取 API，將音樂與影片的網址儲存到變數：

```
01 <script>
02 import axios from 'axios';
03
04 export default {
05   data() {
06     return {
07       image: '',
08       audio: '',
09       video: '',
10     }
11   },
12
13   mounted() {
```

```
14    const getData = () => {
15      axios.get('https://nodejs-demo-ut4o.onrender.com/test_data')
16        .then(response => {
17          const result = response.data;
18          if (result.status == 0) {
19            this.image = result.data.image;
20            this.audio = result.data.audio;
21            this.video = result.data.video;
22          }
23        })
24        .catch(error => {
25          console.log('error', error);
26        })
27        .finally(() => {
28          console.log(' 完成 ')
29        })
30    }
31
32    getData();
33  }
34 }
35 </script>
```

第 08-09 行：多宣告兩個變數 audio 與 video。

第 20-21 行：將 JSON 結果存入到變數內。

　　而在 <template> 中要讀取音樂與影片的標籤分別是 <audio> 與 <video>：

```
01 <template>
02   <audio controls>
03     <source :src="audio" type="audio/mp3">
04   </audio>
05
06   <video controls>
07     <source :src="video" type="video/mp4">
08   </video>
09 </template>
```

直接將變數 audio 與 video 分別綁定到 :src 中。

但是這個時候回到網頁瀏覽時，會發現讀取音樂與影片的顯示，是沒有辦法讀取的，會呈現無法啟動的狀態。這是因為在讀取 Server API 時，是一個非同步的狀態，等到確實讀取完 Server API 資料時，網頁標籤已經呈現完畢，才會造成沒有顯示的狀態。要解決這個問題，就必須要去重新啟動 <audio> 與 <video> 這兩個標籤，最快的方式就是加入 v-if 來解決：

```
01 <template>
02   <audio controls v-if="audio">
03     <source :src="audio" type="audio/mp3">
04   </audio>
05
06   <video controls v-if="video">
07     <source :src="video" type="video/mp4">
08   </video>
09 </template>
```

使用 v-if 後，就會自動判斷 audio 與 video 是否有值，等到非同步的狀態更新完畢之後，就會重新啟動 <audio> 與 <video> 這兩個標籤了。

▌ 9.5 檔案上傳

這個單元要來介紹如何上傳檔案。

首先，新增一個上傳的欄位與按鈕：

```
01 <template>
02   <div>
03     <input type="file" />
04   </div>
05
06   <button> 上傳 </button>
07 </template>
```

在 data() 內宣告一個變數，用來接收 <input> 所輸入的檔案：

```
01 data() {
02   const uploadFile = null
03
04   return {
05     uploadFile,
06   }
07 },
```

所以在 <input> 就必須要綁定一個函式，用來儲存檔案到變數 uploadFile：

```
<input type="file" @change="handleFile" />
```

新增一個函式 handleFile：

```
01 handleFile(event) {
02   this.uploadFile = event.target.files[0];
03 },
```

最後在按鈕上，將觸發事件綁定到函式：

```
<button @click="submit">上傳 </button>
```

新增一個函式 submit：

```
01 async submit() {
02   const formData = new FormData();
03   formData.append('file', this.uploadFile);
04
05   try {
06     const response = await axios.post('uploadAPI', formData);
07     console.log(response.data);
08   }
09   catch (error) {
10     alert('Save Error: ' + error.message);
11   }
12 }
```

第 02 行：宣告 FormData 用來儲存上傳的資訊，如檔案或變數。

第 03 行：使用 append 將檔案儲存到 formData，並且命名 key 為 file。

完整程式碼：

```
01 <template>
02   <div>
03     <input type="file" @change="handleFile" accept=".csv" />
04   </div>
05
06   <button @click="submit">上傳</button>
07 </template>
08
09 <script>
10 import axios from 'axios';
11
12 export default {
13   data() {
14     const uploadFile = null
15
16     return {
17       uploadFile,
18     }
19   },
20   methods: {
21     handleFile(event) {
22       this.uploadFile = event.target.files[0];
23     },
24     async submit() {
25       const formData = new FormData();
26       formData.append('file', this.uploadFile);
27       formData.append('token', '');
28
29       try {
30         const response = await axios.post('upload', formData);
31         console.log(response.data);
32       }
33       catch (error) {
34         alert('Save Error: ' + error.message);
35       }
36     }
37   }
```

```
38 }
39 </script>
```

　　而在伺服器端使用 node.js 實作接收端，附上接收端的程式碼，這裡就不多做解釋：

```
01 const storage = multer.diskStorage({
02   destination: (req, file, cb) => {
03     cb(null, 'uploads/'); // 上傳的檔案存放在 uploads/ 目錄中
04   },
05   filename: (req, file, cb) => {
06     cb(null, file.originalname); // 保留原始檔名
07   },
08 });
09
10 const upload = multer({ storage: storage });
11
12 router.post('/upload', upload.single('file'), async function (request, response,
next) {
13   response.setHeader('Content-Type', 'application/json');
14
15   try {
16     const uploadedFile = request.file;
17     if (!uploadedFile) {
18       return response.status(200).json({status: -1});
19     }
20
21     const filePath = uploadedFile.path;
22     console.log("filePath", filePath);
23
24     return response.status(200).json({status: 0});
25   }
26   catch (error) {
27     return response.status(200).json({status: -1});
28   }
29 });
```

9.6 動態表單

這個單元將會展示動態表單的製作方式，所謂動態表單就是 input 可以隨著使用者新增來增加。

最後完成的畫面如下，有一個 Add Item 按鈕，這個按鈕按下去之後可以新增 input 輸入框，而每一個 input 輸入框旁邊有一個 Remove Item，按下會將該欄的 input 刪除掉。

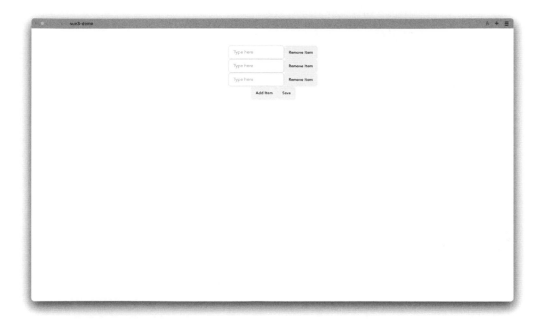

▲ 圖 9.6.1 動態表單

首先，先新增 HTML 標籤，新增 input 與 button：

```
01 <template>
02   <div>
03     <input type="text" placeholder="Type here" class="input input-bordered" />
04   </div>
05   <div>
06     <button class="btn">Add Item</button>
```

```
07    </div>
08 </template>
```

當按鈕按下時，會新增一個 input 輸入框，以此類推，按幾次，就會產生幾個 input 輸入框。

為了要達成這樣的結構，會使用一個陣列來儲存目前有多少個 input 輸入框：

```
01 <template>
02   <div v-for="(item) in items" :key="item">
03     <input type="text" placeholder="Type here" class="input input-bordered" />
04   </div>
05   <div>
06     <button class="btn" @click="addItem">Add Item</button>
07   </div>
08 </template>
09
10 <script>
11 export default {
12   data() {
13     const items = [];
14
15     return {
16       items,
17     }
18   },
19   methods: {
20     addItem() {
21       this.items.push('');
22     }
23   }
24 }
25 </script>
```

第 13 行：宣告一個陣列 items，且初始值為空陣列。

第 20 行：宣告一個函式 addItem，用來綁定按鈕按下時的事件，當被觸發時，會將 items 陣列新增一個元素，這裡要新稱陣列元素的方法會使用 push。

　　第 02 行：使用 v-for 綁定陣列 items，所以當陣列有多少個元素時，就會有多少個 input。

　　第 06 行：將按鈕 click 綁定到函式 addItem。

　　接下來想要讓每個新增的 input 所輸入的內容都可以儲存起來，所以可以將 input 的內容儲存到 items 陣列裡：

```
01 <template>
02   <div v-for="(item, index) in items" :key="item">
03     <input type="text" placeholder="Type here" class="input input-bordered"
v-model="items[index]"/>
04   </div>
05   <div>
06     <button class="btn" @click="addItem">Add Item</button>
07     <button class="btn" @click="save">Save</button>
08   </div>
09 </template>
10
11 <script>
12 export default {
13   data() {
14     const items = [];
15
16     return {
17       items,
18     }
19   },
20   methods: {
21     addItem() {
22       this.items.push('');
23     },
24     save() {
25       console.log(this.items);
26     }
27   }
28 }
29 </script>
```

第 03 行：將 input 使用 v-model 綁定到陣列 items，並且輸入的參數為迴圈的 index，可以讓陣列知道是哪一個 input 要儲存。

第 07 行：新增一個按鈕綁定到函式 save，但目前只有先列印出來，用以確認陣列的情況。

接下來要在每一個 input 旁邊新增一個按鈕，用來觸發可以刪除該 input 的功能：

```
01 <template>
02   <div v-for="(item, index) in items" :key="item">
03     <input type="text" placeholder="Type here" class="input input-bordered"
v-model="items[index]"/>
04     <button class="btn" @click="removeItem(index)">Remove Item</button>
05   </div>
06   <div>
07     <button class="btn" @click="addItem">Add Item</button>
08     <button class="btn" @click="save">Save</button>
09   </div>
10 </template>
11
12 <script>
13 export default {
14   data() {
15     const items = [];
16
17     return {
18       items,
19     }
20   },
21   methods: {
22     addItem() {
23       this.items.push('');
24     },
25     removeItem(index) {
26       this.items.splice(index, 1);
27     },
28     save() {
29       console.log(this.items);
```

```
30     }
31   }
32 }
33 </script>
```

第 04 行：新增按鈕，將 click 綁定到函式 removeItem，並且傳入 index 參數。

第 25 行：新增函式 removeItem，使用陣列的刪除功能 splice，帶入參數 index，而 1 表示只刪除一個元素。

延續目前的結果，可以繼續延伸將這個動態的 input 可以同時有多個表單的輸入框，如以下呈現結果，每次動態新增的表單元素會包含 select 與 input。

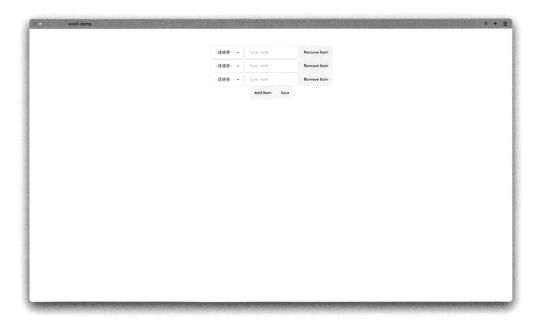

▲ 圖 9.6.2 動態表單欄位

在 v-for 迴圈內，新增 select 的標籤：

```
01 <template>
02   <div v-for="(item, index) in items" :key="item">
03     <select class="select select-bordered">
04       <option disabled selected>-- 請選擇 --</option>
```

```
05        <option>1</option>
06        <option>2</option>
07      </select>
08
09      <input type="text" placeholder="Type here" class="input input-bordered"
 v-model="items[index]" />
10      <button class="btn" @click="removeItem(index)">Remove Item</button>
11    </div>
12    <div>
13      <button class="btn" @click="addItem">Add Item</button>
14      <button class="btn" @click="save">Save</button>
15    </div>
16  </template>
```

然後將函式 addItem 修改成，新增結構變數：

```
01 addItem() {
02   this.items.push({ select: '', text: ''});
03 },
```

在這個結構變數內有兩個變數，select 就可以用來綁定到 select 標籤，text 可以用來綁定到 input 標籤。

最後將 select 與 input 兩個 HTML 標籤的 v-model 改成綁定到結構變數：

```
01 <template>
02    <div v-for="(item, index) in items" :key="item">
03      <select class="select select-bordered" v-model="items[index].select" >
04        <option value="" selected>-- 請選擇 --</option>
05        <option value="1">1</option>
06        <option value="2">2</option>
07      </select>
08
09      <input type="text" placeholder="Type here" class="input input-bordered"
v-model="items[index].text" />
10      <button class="btn" @click="removeItem(index)">Remove Item</button>
11    </div>
12    <div>
13      <button class="btn" @click="addItem">Add Item</button>
```

```
14     <button class="btn" @click="save">Save</button>
15   </div>
16 </template>
17
18 <script>
19 export default {
20   name: 'App',
21   data() {
22     const items = [];
23
24     return {
25       items,
26     }
27   },
28   methods: {
29     addItem() {
30       this.items.push({ select: '', text: ''});
31     },
32     removeItem(index) {
33       this.items.splice(index, 1);
34     },
35     save() {
36       console.log(this.items);
37     }
38   }
39 }
40 </script>
```

如果是使用 Composition API 的寫法，則修改成：

```
01 <template>
02   <div v-for="(item, index) in items" :key="item">
03     <select class="select select-bordered" v-model="items[index].select">
04       <option value="" selected>-- 請選擇 --</option>
05       <option value="1">1</option>
06       <option value="2">2</option>
07     </select>
08
09     <input type="text" placeholder="Type here" class="input input-bordered"
 v-model="items[index].text" />
```

```
10    <button class="btn" @click="removeItem(index)">Remove Item</button>
11  </div>
12  <div>
13    <button class="btn" @click="addItem">Add Item</button>
14    <button class="btn" @click="save">Save</button>
15  </div>
16 </template>
17
18 <script>
19 import { ref } from 'vue';
20
21 export default {
22   setup() {
23     const items = ref([]);
24
25     function addItem() {
26       this.items.push({ select: '', text: '' });
27     }
28     function removeItem(index) {
29       this.items.splice(index, 1);
30     }
31     function save() {
32       console.log(this.items);
33     }
34
35     return {
36       items, addItem, removeItem, save,
37     }
38   }
39 }
40 </script>
```

9.7 表單控制

這個單元將會展示如何控制表單欄位停用的狀態，也就是設定為 disable ，但觸發的條件是從別的選單控制而來，這邊會使用一個下拉式 select 選單來控制 input 是否為停用的狀態。

先來看以下的例子：

```
01 <template>
02   <select class="select select-bordered" v-model="select">
03     <option value="" selected>-- 請選擇 --</option>
04     <option value="1">1</option>
05     <option value="2">2</option>
06   </select>
07
08   <input type="text" class="input input-bordered" :disabled="select==''" />
09 </template>
10
11 <script>
12 export default {
13   data() {
14     const select = '';
15
16     return {
17       select,
18     }
19   },
20 }
21 </script>
```

第 14 行：宣告一個變數 select 來控制 input 的 disable 狀態。

第 08 行：將 disabled 綁定到 select，就可以控制是否要呈現 disable 的狀態，也就是當 select 等於空字串時，disabled 會等於 true，input 就會變成 disabled 了。

這個例子只有單純使用變數綁定的方式來控制表單的狀態，如果想要根據所選擇的內容來決定 input 的狀態時，就必需要使用監聽的方式。

網頁呈現如下：

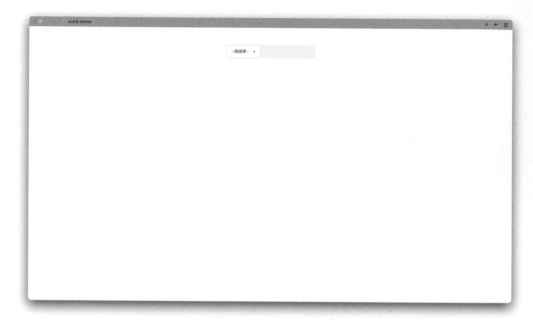

▲　圖 9.7.1　下拉式選單控制其它欄位

修改成使用監聽的方式：

```
01 <template>
02   <select class="select select-bordered" v-model="select">
03     <option value="" selected>-- 請選擇 --</option>
04     <option value="1">1</option>
05     <option value="2">2</option>
06   </select>
07
08   <input type="text" class="input input-bordered" :disabled="isDisable" />
09 </template>
10
11 <script>
12 export default {
13   data() {
14     const select = '';
```

```
15    const isDisable = false;
16
17    return {
18      select, isDisable,
19    }
20  },
21  watch: {
22    select(newValue) {
23      if (newValue == 1) {
24        this.isDisable = true;
25      }
26      else {
27        this.isDisable = false;
28      }
29    }
30  },
31 }
32 </script>
```

第 15 行：宣告變數 isDisable，初始為 false。

第 22 行：監聽 select 變數，當值等於 1 時，修改 isDisable 為 true。否則的話，isDisable 為 false。

所以當下拉式選單選取為 1 時，就會觸發監聽條件，將 input 的狀態設定為 disable。

如果要根據監聽的內容變化，來完成某些條件觸發，就必須要修改監聽的判斷條件：

```
01 <template>
02   <select class="select select-bordered" v-model="select">
03     <option value="" selected>-- 請選擇 --</option>
04     <option value="1">1</option>
05     <option value="2">2</option>
06   </select>
07
08   <input type="text" class="input input-bordered" :placeholder="placeholder" />
```

```
09 </template>
10
11 <script>
12 export default {
13   data() {
14     const select = '';
15     const placeholder = '';
16
17     return {
18       select, placeholder,
19     }
20   },
21   watch: {
22     select(newValue) {
23       if (newValue == 1) {
24         this.placeholder = '選擇了 1';
25       }
26       else {
27         this.placeholder = '選擇了 2';
28       }
29     }
30   },
31 }
32 </script>
```

第 08 行：將 :placeholder 綁定到變數 placeholder。

第 24 行：將監聽條件修改成 placeholder = ' 選擇了 1'。

這樣當下拉式選單 select 選擇 1 時，input 的 placeholder 就會呈現「選擇了 1」。

網頁呈現如下：

▲ 圖 9.7.2 下拉式選單控制其它欄位

9.8 拖曳效果

　　這個單元要來介紹如何實現拖曳的效果，就是可以直接用滑鼠拖曳 HTML
的標籤。要實現這個功能，必需要額外安裝套件，套件的網址為　https://github.
com/SortableJS/vue.draggable.next

　　開啟終端機，在專案目錄底下，安裝這個套件：

npm i -S vuedraggable@next

　　為了產生多筆的資料內容，宣告一個陣列來存放：

```
01 data() {
02   return {
03     items: ['a', 'b', 'c'],
04   }
05 }
```

引用 vuedraggable：

```
import draggable from 'vuedraggable'
```

最後在 <template> 標籤內宣告 <draggable>：

```
01 <draggable v-model="items" item-key="id">
02   <template #item="{ element, index }">
03     <div>{{ index }} {{ element }}</div>
04   </template>
05 </draggable>
```

第 01 行：將陣列 items 綁定 draggable。

第 02-04 行：設定 element 與 index，並且顯示出來。

完整程式碼：

```
01 <template>
02   <draggable v-model="items" item-key="id">
03     <template #item="{ element, index }">
04       <div>{{ index }} {{ element }}</div>
05     </template>
06   </draggable>
07 </template>
08
09 <script>
10 import draggable from 'vuedraggable'
11
12 export default {
13   components: {
14     draggable,
15   },
16   data() {
17     return {
18       items: ['a', 'b', 'c'],
19     }
20   },
21 };
22 </script>
```

回到網頁上，就可以直接用滑鼠去拖曳 a 或 b 或 c 了。

最後可以加入事件函式，來觀察拖曳之後，陣列內容的變化：

```
01 <template>
02   <draggable v-model="items" item-key="id" @end="onEnd">
03     <template #item="{ element, index }">
04       <div>{{ index }} {{ element }}</div>
05     </template>
06   </draggable>
07 </template>
08
09 <script>
10 import draggable from 'vuedraggable'
11
12 export default {
13   components: {
14     draggable,
15   },
16   data() {
17     return {
18       items: ['a', 'b', 'c'],
19     }
20   },
21   methods: {
22     onEnd() {
23       console.log(this.items);
24     }
25   }
26 };
27 </script>
```

第 02 行：加入 @end 綁定 onEnd 函式。

第 22-24 行：宣告函式 onEnd，將陣列 items 列印出來。

9.9 本章重點摘要

回顧一下本章重點:

9.1 input 警示:

- 如何在表單中的欄位判斷變數來顯示警告。

9.2 讀取按鈕:

- 如何按下按鈕之後,顯示讀取中動畫。

9.3 按鈕群組:

- 如何製作 Tab 按鈕群組。

9.4 檔案讀取:

- 如何讀取遠端圖片、影片與音樂的檔案。

9.5 檔案上傳:

- 如何將檔案上傳。

9.6 動態表單:

- 如何動態新增表單欄位。

9.7 表單控制:

- 如何讓表單欄位互相影響。

9.8 拖曳效果:

- 如何安裝套件,使用拖曳功能。

第 **10** 章

進階應用

　　這一章將會進入進階應用，建議讀者先將前面幾章的部分完整讀過，再來進入這一章會比較容易理解。本章將會分成 3 個小節：

10.1　自訂指令

10.2　動畫

10.3　SSR

建議讀者可以先從 2.3 節介紹的創建專案，來建立一個全新的專案來練習。因為本章的每一個小節都可以視為獨立的單元，讀者如果要實作練習的話，都可以先使用 2.3 節介紹的方式建立一個全新的專案，然後再來實作每一個單元。

10.1 自訂指令

在 Vue3 中的指令如 v-text、v-html，也就是所有 v- 開頭的關鍵字，可以針對自己的需求來新增。

例如，新增一個 placeholder 的指令：

```
01 <template>
02   <input v-placeholder />
03 </template>
04
05 <script>
06 export default {
07   directives: {
08     placeholder: {
09       mounted: (el) => el.placeholder = '請輸入 ...'
10     },
11   },
12 };
13 </script>
```

第 07 行：所有新增的指令，都需要放在 directives 內。

第 08 行：宣告指令名稱為 placeholder，在生命週期的 mounted 時，設定 placeholder 為 ' 請輸入 ...'。

每個新增的指令會回傳 el 物件，這個 el 就是綁定在 HTML 標籤的元素。如第 02 行，直接使用 v-placeholder 指令綁定到 input，el 就是這個 input。

回到網頁上就可以得到一個 input 已經被輸入 placeholder 了。

▲ 圖 10.1.1 輸入框 placeholder 指令

另外，自訂指令本身可以擴展的全域範圍，也就是不限定只有一個 .vue 檔案可以使用，而是所有 .vue 檔案都可以使用。

開啟 main.js，將原本的程式碼：

```
01 import { createApp } from 'vue'
02 import App from './App.vue'
03
04 createApp(App).mount('#app')
```

修改成：

```
01 import { createApp } from 'vue'
02 import App from './App.vue'
03
04 const app = createApp(App);
05
06 app.directive('placeholder', {
07   mounted: (el) => el.placeholder = ' 請輸入 ...'
```

```
08 });
09
10 app.mount('#app');
```

回到 App.vue 就可以直接使用這個指令了：

```
01 <template>
02   <input v-placeholder />
03 </template>
04
05 <script>
06 export default {
07 };
08 </script>
```

最後，自訂指令也可以帶入參數：

```
01 <template>
02   <input v-placeholder="{ text: ' 你的暱稱 ' }" />
03 </template>
04
05 <script>
06 export default {
07   directives: {
08     placeholder: {
09       mounted: (el, binding) => {
10         el.placeholder = ' 請輸入 ' + binding.value.text;
11       }
12     },
13   },
14 };
15 </script>
```

第 02 行：傳入 text1 變數。

第 09 行：在 mounted 會多傳入一個參數 binding，而要讀取所傳入的 text，則直接呼叫 binding.value.text。

▌ 10.2 動畫

Vue3 所提供動畫的機制，必須要讓發生動畫的 HTML 標籤被放在 <Transition> 裡頭，同時也必須要定義動畫的條件。

10.2.1 基礎動畫

先來看看以下的範例，製作一個按鈕，這個按鈕按下去會讓 <p> 標籤消失與顯示產生動畫效果。

放入 <button> 與 <p> 標籤，並且宣告一個變數來控制這個 <p> 是否顯示與消失：

```
01 <template>
02   <button @click="show = !show">Toggle</button>
03   <p v-if="show">hello</p>
04 </template>
05
06 <script>
07 export default {
08   data() {
09     return {
10       show: false,
11     }
12   },
13 };
14 </script>
```

在 <style> 標籤內加入觸發動畫的條件：

```
01 <style>
02 .v-enter-active,
03 .v-leave-active {
04   transition: opacity 0.5s ease;
05 }
06 .v-enter-from {
07   opacity: 0;
```

```
08 }
09 .v-enter-to {
10   opacity: 1;
11 }
12 .v-leave-from {
13   opacity: 1;
14 }
15 .v-leave-to {
16   opacity: 0;
17 }
18 </style>
```

這裡所使用的樣式標籤命名為固定的命名方式，解說如下：

- v-enter-active：設定進入動畫的效果

- v-leave-active：設定離開動畫的效果

所以在這個範例都是設定「透明度」的動畫效果，時間維持 0.5 秒。

如何發生動畫：

- v-enter-from：動畫的初始狀態

- v-enter-to：動畫的結束狀態

- v-leave-from：動畫的初始狀態

- v-leave-to：動畫的結束狀態

而 v-enter 發生在當 show = true 時，而 v-leave 發生在當 show = false 時。

最後在要發生動畫的 HTML 標籤使用 <Transition> 包覆起來：

```
01 <Transition>
02   <p v-if="show">hello</p>
03 </Transition>
```

完整程式碼：

```
01 <template>
02   <button @click="show = !show">Toggle</button>
```

```
03    <Transition>
04      <p v-if="show">hello</p>
05    </Transition>
06  </template>
07
08  <script>
09  export default {
10    data() {
11      return {
12        show: false,
13      }
14    },
15  };
16  </script>
17
18  <style>
19  #app {
20    font-family: Avenir, Helvetica, Arial, sans-serif;
21    -webkit-font-smoothing: antialiased;
22    -moz-osx-font-smoothing: grayscale;
23    text-align: center;
24    color: #2c3e50;
25    margin-top: 60px;
26  }
27
28  .v-enter-active,
29  .v-leave-active {
30    transition: opacity 0.5s ease;
31  }
32  .v-enter-from {
33    opacity: 0;
34  }
35  .v-enter-to {
36    opacity: 1;
37  }
38  .v-leave-from {
39    opacity: 1;
40  }
41  .v-leave-to {
```

```
42    opacity: 0;
43 }
44 </style>
```

如果要觀察 v-enter-active 與 v-leave-active 是否真正產生差別，可以修改動畫條件如：

```
01 .v-enter-active {
02    transition: opacity 3s ease;
03 }
04 .v-leave-active {
05    transition: opacity 0.5s ease;
06 }
```

所以當 <p> 標籤顯示時，會需要 3 秒才能完整顯示；當 <p> 標籤消失時，會需要 0.5 秒才能完整消失。

10.2.2　動畫別名

可以將 v- 開頭的前綴重新命名，例如：

```
01 .jk-enter-active {
02    transition: opacity 3s ease;
03 }
04 .jk-leave-active {
05    transition: opacity 0.5s ease;
06 }
07 .jk-enter-from {
08    opacity: 0;
09 }
10 .jk-enter-to {
11    opacity: 1;
12 }
13 .jk-leave-from {
14    opacity: 1;
15 }
16 .jk-leave-to {
```

```
17    opacity: 0;
18 }
```

這裡使用 jk- 將 v- 前綴取代掉。

所以在使用動畫標籤就必須修改成：

```
01 <Transition name="jk">
02     <p v-if="show">hello</p>
03 </Transition>
```

在 <Transition> 標籤內就必須要多使用屬性 name 來指定所命名的動畫別名。

10.2.3 動畫影格

可以針對動畫發生的秒數來增添動畫影格：

```
01 <template>
02   <button @click="show = !show">Toggle</button>
03   <Transition>
04     <p v-if="show">hello</p>
05   </Transition>
06 </template>
07
08 <script>
09 export default {
10   data() {
11     return {
12       show: false,
13     }
14   },
15 };
16 </script>
17
18 <style>
19 .v-enter-active {
20   animation: bounce 0.3s;
```

```
21 }
22 .v-leave-active {
23    animation: bounce 0.3s reverse;
24 }
25
26 @keyframes bounce {
27    0% {
28       transform: scale(0);
29    }
30
31    80% {
32       transform: scale(1.1);
33    }
34
35    100% {
36       transform: scale(1);
37    }
38 }
39 </style>
```

在 v-enter-active 與 v-leave-active 都設定了影格的別名為 bounce。

使用關鍵字 @keyframes 來對動畫影格內設定動畫效果。

0%：表示動畫的第 0 秒的初始狀態。

80%：表示當秒數到達總長度的 80% 時的狀態，在這裡約略為 0.8 * 0.3 秒 = 0.24 秒時發生這個狀態。

100%：表示動畫完成時的狀態。

這個動畫影格的狀態也可以調整成：

```
01 .v-enter-active {
02    animation: bounce 0.8s;
03 }
04 .v-leave-active {
05    animation: bounce 0.8s reverse;
06 }
```

```
07
08 @keyframes bounce {
09   0% {
10     transform: scale(0);
11   }
12   50% {
13     transform: scale(1.2);
14   }
15   70% {
16     transform: scale(0.9);
17   }
18   100% {
19     transform: scale(1);
20   }
21 }
```

這裡總共設定了四個影格。

10.2.4 雙重動畫

在 10.3.1 的例子當中，可以將 .v-enter-to 與 .v-leave-from 與省略不寫：

```
01 <template>
02   <button @click="show = !show">Toggle</button>
03   <Transition>
04     <div v-if="show">hello Jake</div>
05   </Transition>
06 </template>
07
08 <script>
09 export default {
10   data() {
11     return {
12       show: false,
13     }
14   },
15 };
16 </script>
17
```

```
18 <style>
19 .v-enter-active,
20 .v-leave-active {
21   transition: all 0.3s ease-in-out;
22 }
23 .v-enter-from, .v-leave-to {
24   transform: translate(30px);
25   opacity: 0;
26 }
27 </style>
```

第 20-22 行：設定動畫的效果為 all，時間為 0.3 秒。

第 23-26 行：設定動畫的狀態為往 x 軸移動 30px，透明度為 0 變成 1。

接下來在 HTML 標籤內多宣告一個 p 標籤：

```
01 <template>
02   <button @click="show = !show">Toggle</button>
03   <Transition>
04     <div v-if="show">hello <p class="inner">Jake</p>
05     </div>
06   </Transition>
07 </template>
```

這樣宣告的目的在於可以讓 「hello」與「 Jake」兩個字串分別產生不同的動畫效果，而要分別產生不同動畫效果必須要另外設定動畫的效果與狀態：

```
01 .v-enter-active .inner,
02 .v-leave-active .inner {
03   transition: all 0.3s ease-in-out;
04 }
05 .v-enter-from .inner,
06 .v-leave-to .inner {
07   transform: translateX(30px);
08   opacity: 0;
09 }
```

在 v-enter-active、v-leave-active、v-enter-from、v-leave-to 後面都帶入 .inner，就可以讓這組動畫效果只發生在宣告於 class 為 inner 的標籤，在這個範例就是 <p class="inner">Jake</p>。

這樣就可以讓「hello」與「 Jake」分別產生移動的動畫效果，完整程式碼：

```
01 <template>
02   <button @click="show = !show">Toggle</button>
03   <Transition>
04     <div v-if="show">hello <p class="inner">Jake</p>
05     </div>
06   </Transition>
07 </template>
08
09 <script>
10 export default {
11   data() {
12     return {
13       show: false,
14     }
15   },
16 };
17 </script>
18
19 <style>
20 .v-enter-active,
21 .v-leave-active {
22   transition: all 0.3s ease-in-out;
23 }
24 .v-enter-from, .v-leave-to {
25   transform: translate(30px);
26   opacity: 0;
27 }
28
29 .v-enter-active .inner,
30 .v-leave-active .inner {
31   transition: all 0.3s ease-in-out;
32 }
33 .v-enter-from .inner,
```

```
34 .v-leave-to .inner {
35   transform: translateX(30px);
36   opacity: 0;
37 }
38 </style>
```

最後，可以加入 transition-delay 讓動畫的狀態產生延遲效果：

```
01 .v-enter-active,
02 .v-leave-active {
03   transition: all 0.3s ease-in-out;
04 }
05
06 .v-leave-active {
07   transition-delay: 0.8s;
08 }
```

第 07 行：在 v-leave-active 內加入 transition-delay。

10.2.5 TransitionGroup

之前的討論都是針對一單標籤而產生動畫，TransitionGroup 可以針對 v-for 的內容產生動畫，看以下的範例：

```
01 <template>
02   <div v-for="item in items" :key="item">
03     {{ item }}
04   </div>
05   <button @click="add">Add</button>
06 </template>
07
08 <script>
09 export default {
10   data() {
11     return {
12       c: 0,
13       items: [],
14     }
```

```
15     },
16     methods: {
17       add() {
18         this.items.push(this.c++);
19       }
20     }
21 };
22 </script>
```

這個範例利用一個按鈕來增加 items 陣列的元素，接著使用 v-for 顯示所有的元素內容。

放入 TransitionGroup：

```
01 <template>
02   <TransitionGroup tag="div">
03     <div v-for="item in items" :key="item">
04       {{ item }}
05     </div>
06   </TransitionGroup>
07
08   <button @click="add">Add</button>
09 </template>
10
11 <script>
12 export default {
13   data() {
14     return {
15       c: 0,
16       items: [],
17     }
18   },
19   methods: {
20     add() {
21       this.items.push(this.c++);
22     }
23   }
24 };
25 </script>
```

```
26
27 <style>
28 .v-enter-active,
29 .v-leave-active {
30   transition: all 0.3s ease-in-out;
31 }
32
33 .v-enter-from,
34 .v-leave-to {
35   transform: translate(30px);
36   opacity: 0;
37 }
38 </style>
```

第 02-06 行：使用 <TransitionGroup> 將要產生的動畫標籤包覆其中，並用 tag 來標示要發生動畫的標籤元素為 div。

第 28-37 行：設定動畫效果與狀態。

但上述的效果使用瀏覽器觀看時，會發現當元素新增時，按鈕的位置不會有動畫效果，按鈕會瞬移到下方，可以把按鈕放到 <TransitionGroup> 之內，並且新增 v-move 與 v-leave-active 的樣式宣告：

```
01 <template>
02   <TransitionGroup tag="div">
03     <div v-for="item in items" :key="item">
04       {{ item }}
05     </div>
06     <button @click="add">Add</button>
07   </TransitionGroup>
08 </template>
09
10 <script>
11 export default {
12   data() {
13     return {
14       c: 0,
15       items: [],
16     }
```

```
17     },
18     methods: {
19       add() {
20         this.items.push(this.c++);
21       }
22     }
23 };
24 </script>
25
26 <style>
27 #app {
28   font-family: Avenir, Helvetica, Arial, sans-serif;
29   -webkit-font-smoothing: antialiased;
30   -moz-osx-font-smoothing: grayscale;
31   text-align: center;
32   color: #2c3e50;
33   margin-top: 60px;
34 }
35
36 .v-move,
37 .v-enter-active,
38 .v-leave-active {
39   transition: all 0.3s ease-in-out;
40 }
41
42 .v-enter-from,
43 .v-leave-to {
44   transform: translate(30px);
45   opacity: 0;
46 }
47
48 .v-leave-active {
49   position: absolute;
50 }
51 </style>
```

10.3 SSR

在 Vue3 的結構之中，都必須要透過呼叫 Server API 的方式去取得資料，在實務開發結構會區分兩個專案，前端與後端。區分成兩個專案在維護上也會變得非常乾淨，前端只要專心做好前端網頁的事情，而後端也只需要專心在與資料庫的查詢互動。

在團隊人手足夠時，且專案是大型專案，這樣的分工模式確實非常適合。但如果在小團隊中，人力資源非常吃緊，無法分身乏術顧及兩個專案，這個時候 SSR 就出現了。

簡單講 SSR 就是可以在同一份專案內同時撰寫 Vue3 與後端 node.js，只需要維護一份專案即可，這個單元就是要來介紹如何實作出 SSR 的專案。

實作 SSR，後端必須使用 node.js，所以先新增一個資料夾，初始化成 node.js 的專案：

```
$ mkdir testSSR
$ cd testSSR
$ npm init -y
```

在 package.json 新增：

```
"type": "module",
```

使用 node.js 做後端會搭配 express 的框架來實作，更加快速與方便，所以安裝 express：

```
$ npm install express
```

新增 server.js：

```
01 import express from 'express';
02
03 const app = express();
04 const port = 3000;
```

```
05
06 app.get('/', async (req, res) => {
07   res.status(200).send('Hello node.js');
08 });
09
10 app.listen(port, () => {
11   console.log(`Server is running at http://localhost:${port}`);
12 });
```

第 01 行：引用 express。

第 03 行：進行 express 初始化。

第 04 行：設定 port 為 3000。

第 06 行：使用 app.get 設定路由網址為 '/'，第 07 行單純的回傳字串 'Hello node.js'。

第 10-12 行，使用 app.listen 來啟動 node.js，帶入參數 port。

所以在瀏覽器網址列輸入 http://localhost:3000/ 就可以看到網頁上呈現 Hello node.js

接下來要整合 Vue3 的程式語法，引入 createSSRApp 並且創建一個 Vue3 的結構：

```
01 import { createSSRApp } from 'vue';
02
03 const vueApp = createSSRApp({
04     data: () => ({ message: 'Hello SSR' }),
05     template: `<h1>{{ message }}</h1>`,
06 });
```

第 01 行：引用 createSSRApp。

第 03 行：進行 createSSRApp 初始化，帶入的結構就是 Vue3 的結構，可以看到除了有 data() 的宣告之外，多宣告 template 來放置 HTML 的標籤。

所以這裡就是將變數 message 輸出到 <h1> 標籤內。

使用 renderToString，將 Vue3 的結構渲染出去。

```
01 import { renderToString } from '@vue/server-renderer';
02
03 const html = await renderToString(vueApp);
04 res.send(`
05   <!DOCTYPE html>
06   <html>
07       <head>
08       <title>Vue SSR Example</title>
09     </head>
10     <body>
11       <div id="app">${html}</div>
12     </body>
13   </html>
14 `);
```

第 01 行：引用 renderToString。

第 03 行：進行 renderToString 初始化，帶入參數為剛剛的 vueApp，然後將回傳 HTML 的標籤，透過 express 框架的 res.send 輸出給瀏覽器呈現。

所以完整的程式語法為：

```
01 import express from 'express';
02 import { createSSRApp } from 'vue';
03 import { renderToString } from '@vue/server-renderer';
04
05 const app = express();
06 const port = 3000;
07
08 app.get('/', async (req, res) => {
09   const vueApp = createSSRApp({
10     data: () => ({ message: 'Hello SSR' }),
11     template: `<h1>{{ message }}</h1>`,
12.  });
13
```

```
14    try {
15      const html = await renderToString(vueApp);
16      res.send(`
17        <!DOCTYPE html>
18        <html>
19          <head>
20            <title>Vue SSR Example</title>
21          </head>
22          <body>
23            <div id="app">${html}</div>
24          </body>
25        </html>
26      `);
27    }
28    catch (error) {
29      console.error(error);
30      res.status(500).send('Internal Server Error');
31    }
32 });
33
34 app.listen(port, () => {
35   console.log(`Server is running at http://localhost:${port}`);
36 });
```

回到瀏覽器，重新整裡 http://localhost:3000/ 就可以看到網頁上呈現大大的 Hello SSR 字串。

但上面的範例只是單純的呈現字串，接下來要討論如何放入 Vue3 真正強大的功能，也就是適應性功能。

新增 client.js：

```
01 import { createSSRApp } from 'vue';
02
03 export function createApp() {
04   return createSSRApp({
05     data: () => ({ count: 1 }),
06     template: `<button @click="count++">{{ count }}</button>`,
```

```
07    });
08 }
```

這裡一樣使用 createSSRApp 創建 Vue3 的結構，在 data() 內宣告變數 count，在 template 內宣告一個按鈕。目的是要讓這個按鈕按下去之後會讓 count 累加 1。

新增 app.js：

```
01 import { createApp } from './client.js';
02
03 createApp().mount('#app');
```

引用剛剛的 client.js，將這個 createApp() mount 到 <div id="app"> 這個標籤。

修改 server.js：

```
01 import express from 'express';
02 import { renderToString } from '@vue/server-renderer';
03 import { createApp } from './client.js';
04
05 const app = express();
06 const port = 3000;
07
08 app.get('/', async (req, res) => {
09   const vueApp = createApp();
10
11   try {
12     const html = await renderToString(vueApp);
13     res.send(`
14       <!DOCTYPE html>
15       <html>
16         <head>
17           <title>Vue SSR Example</title>
18           <script type="importmap">
19           {
20             "imports": {
21               "vue": "https://unpkg.com/vue@3/dist/vue.esm-browser.js"
22             }
```

```
23            }
24          </script>
25          <script type="module" src="/app.js"></script>
26        </head>
27        <body>
28          <div id="app">${html}</div>
29        </body>
30      </html>
31    `);
32  }
33  catch (error) {
34    console.error(error);
35    res.status(500).send('Internal Server Error');
36  }
37 });
38
39 app.use(express.static('.'));
40
41 app.listen(port, () => {
42   console.log(`Server is running at http://localhost:${port}`);
43 });
```

第 03 行：引用 client.js。

第 09 行：將 createApp 初始化，然後第 12 行帶入到 renderToString。

第 39 行：新增 app.use(express.static('.'));。

第 18 行到第 25 行新增這一段程式碼：

```
01 <script type="importmap">
02   {
03     "imports": {
04       "vue": "https://unpkg.com/vue@3/dist/vue.esm-browser.js"
05     }
06.  }
07 </script>
08 <script type="module" src="/app.js"></script>
```

　　回到瀏覽器，重新整裡 http://localhost:3000/ 就可以看到網頁上呈現的按鈕，按下之後會自動累加數值，並呈現出來。

▌ 10.4　本章重點摘要

回顧一下本章重點

10.1　自訂指令：

- 如何自訂指令綁定到 HTML 標籤上。

10.2　動畫：

- 如何產生動畫。
- 如何自訂動畫的名稱。
- 如何製作影格動畫。
- 如何製作雙重動畫。
- 如何製作群組動畫。

10.3　SSR

- 如何整併前端與後端的程式碼在同一個專案內。

第11章
完整範例

接下來這一章，會完整做出 2 個專案，這 2 個專案是初學者一定都要會做的專案，分別是：

11.1 記事本

11.2 部落格

而在本章所使用到的所有技術，都可以在本書所有章節中找到解說。寫程式就像是拼圖一樣，如何將所有學習到的知識，拼湊出一個完整的應用。前面的章節就像是一塊塊的拼圖，進入這一章，才算是真正的將拼圖完成。

▌ 11.1　記事本

第一個範例是要來製作出一個簡單的記事本功能，而這個範例會使用到資料庫的新增、修改、刪除與瀏覽，這四個最基本的資料庫操作。

而在資料庫的操作，會使用到 Back4App 的服務，可以參考 8.2 節來建立新的專案。

UI 畫面的部分會使用 tailwindcss 與 daisyUI 來製作，可以參考 7.2 與 7.3 節。

最終筆者希望完成的範例如圖 11.1.1 所示，最上面有一個輸入框，可以新增要記事的內容。下方的表格會呈現目前所有的記事內容，每一則記事都可以透過右邊的「編輯」按鈕來修改或刪除。

▲　圖 11.1.1　記事本完成範例

11.1.1 專案準備

建立一個全新的 vue3 專案，打開終端機並且輸入指令：

```
$ vue create vue-demo
```

啟動專案，打開終端機並且輸入指令：

```
$ cd vue-demo1
$ npm run serve
```

- 建立新的專案，可以參考 2.3 節。

安裝路由機制，打開終端機並且輸入指令：

```
$ vue add router@next
```

- 路由的機制，可以參考 5.1 節。

安裝 tailwindcss 框架，打開終端機並且輸入指令：

```
$ vue add tailwind
```

- 安裝 tailwindcss 框架，可以參考 7.2 節。

安裝 daisyUI 框架，打開終端機並且輸入指令：

```
$ npm i -D daisyui@latest
```

開啟專案內的 tailwind.config.js，修改成：

```
01 /** @type {import('tailwindcss').Config} */
02 module.exports = {
03   content: ['./public/**/*.html', './src/**/*.{vue,js,ts,jsx,tsx}'],
04   theme: {
05     extend: {},
06   },
07   plugins: [
08     require("daisyui"),
```

```
09    ],
10 }
```

第 08 行：新增 daisyui。

- 安裝 daisyUI，可以參考 7.3 節。

11.1.2 資料庫準備

在 Back4app 建立一個新的專案。

- 詳細解說可以參考 8.2.1 節。

安裝 Back4app SDK，打開終端機並且輸入指令：

```
$ npm install parse --save
```

開啟專案內的 main.js，修改成：

```
01 import { createApp } from 'vue'
02 import App from './App.vue'
03 import router from './router'
04 import './assets/tailwind.css'
05
06 import { Parse } from 'parse/dist/parse.min.js';
07 Parse.initialize('B6GAyDuk3cieupgKZNaHojMgDXJHHmdG6c9W4GsU', '1S3ycwCNRWHwHiLrhfR0G
AU28jdSwjh3ZkJAQdgb');
08 Parse.serverURL = 'https://parseapi.back4app.com';
09
10 createApp(App).use(router).mount('#app')
```

第 06 行：引用 Back4App SDK。

第 07-08 行：加入 Back4App 的金鑰。

- Back4App 的初始化，可以參考 8.2.2 節。

11.1.3 程式碼撰寫

接下來這個小節，會進入到程式碼的撰寫。

新增輸入框與按鈕，修改 App.vue

```
01 <template>
02   <div class="container mx-auto">
03     <div class="flex justify-center mt-4 gap-2">
04       <input type="text" placeholder=" 今天要做什麼？ " class="input input-bordered
input-md w-full max-w-xs" />
05       <button class="btn"> 儲存 </button>
06     </div>
07   </div>
08 </template>
```

這裡使用到了 tailwindcss 與 daisyUI 的兩個 CSS 框架，筆者就不多做解釋。

宣告變數來綁定輸入框：

```
01 <template>
02   <div class="container mx-auto">
03     <div class="flex justify-center mt-4 gap-2">
04       <input type="text" placeholder=" 今天要做什麼？ " class="input input-bordered
input-md w-full max-w-xs" v-model="text"/>
05       <button class="btn"> 儲存 </button>
06     </div>
07   </div>
08 </template>
09
10 <script>
11 import { ref } from 'vue';
12 export default {
13   setup() {
14     const text = ref('');
15     return {
16       text
17     }
18   },
```

```
19 }
20 </script>
```

第 14 行：宣告變數 text，用來儲存輸入框的內容。

第 04 行：將輸入框綁定到變數 text。

- 變數綁定的用法，可以參考 4.1 節。

將輸入框的內容，上傳到 Back4App 的資料庫：

```
01 <template>
02   <div class="container mx-auto">
03     <div class="flex justify-center mt-4 gap-2">
04       <input type="text" placeholder=" 今天要做什麼？ " class="input input-bordered input-md w-full max-w-xs" v-model="text" />
05       <button class="btn" @click="save"> 儲存 </button>
06     </div>
07   </div>
08 </template>
09
10 <script>
11 import { ref } from 'vue';
12 import { Parse } from 'parse/dist/parse.min.js';
13
14 export default {
15   setup() {
16     const text = ref('');
17
18     async function save() {
19       const toDoList = new Parse.Object("ToDo");
20       toDoList.set("text", text.value);
21       try {
22         let result = await toDoList.save()
23         alert(' 上傳成功 ' + result.id);
24       }
25       catch (error) {
26         alert(' 上傳失敗 ' + error.message);
27       }
28     }
```

```
29
30    return {
31      text,
32      save,
33    }
34  },
35 }
36 </script>
```

第 18-28 行：新增一個函式，會將 text 的內容，上傳到 ToDo 資料表內。

第 05 行：將按鈕的按下事件，綁定到函式 save。

• Back4App 的資料庫操作，可以參考 8.2.3 節。

成功的資料上傳到 Back4App 之後，接下來要進行資料的讀取，也就是將 ToDo 資料表內的所有資料取回來呈現。

先宣告陣列變數，用來儲存 ToDo 的所有資料：

```
01 const items = ref('');
```

宣告一個函式，用來讀取 ToDo 的所有資料：

```
01 async function getData() {
02   try {
03     const query = new Parse.Query("ToDo");
04     items.value = await query.find();
05   }
06   catch (error) {
07     console.log(error);
08   }
09 }
```

而這個函式的觸發時機，會在生命週期的 onMounted 來呼叫，引用 onMounted：

```
01 import { ref, onMounted } from 'vue';
```

在 onMounted 上呼叫 getData()：

```
01 onMounted(() => {
02   getData();
03 });
```

最後將資料使用 table 來顯示：

```
01 <div class="overflow-x-auto">
02   <table class="table table-zebra">
03     <thead>
04       <tr>
05         <th>編號</th>
06         <th>內容</th>
07         <th>#</th>
08       </tr>
09     </thead>
10     <tbody>
11       <tr v-for="(item, index) in items" :key="index">
12         <th>{{ index + 1 }}</th>
13         <td>{{ item.get('text') }}</td>
14         <td></td>
15       </tr>
16     </tbody>
17   </table>
18 </div>
```

第 11 行：使用 v-for 迴圈來走訪 items 內的所有資料。

第 13 行：存取 Back4App 資料表內的某一個欄位，必須使用 get() 並且帶入欄位名稱。

• Back4App 的資料讀取，可以參考 8.2.4 。

將原本的 save 函式修改成，儲存資料後，可以自動更新 table 列表：

```
01 async function save() {
02   const toDoList = new Parse.Object("ToDo");
03   toDoList.set("text", text.value);
04   try {
```

```
05    let result = await toDoList.save()
06    text.value = "";
07    await getData();
08    alert('上傳成功 ' + result.id);
09  }
10  catch (error) {
11    alert('上傳失敗 ' + error.message);
12  }
13 }
```

第 07 行：儲存成功後，重新呼叫 getData() 函式。

目前完整程式碼：

```
01 <template>
02   <div class="container mx-auto">
03     <div class="flex justify-center mt-4 gap-2">
04       <input type="text" placeholder=" 今天要做什麼？ " class="input input-bordered
input-md w-full max-w-xs" v-model="text" />
05       <button class="btn" @click="save"> 儲存 </button>
06     </div>
07
08     <div class="overflow-x-auto">
09       <table class="table table-zebra">
10         <thead>
11           <tr>
12             <th> 編號 </th>
13             <th> 內容 </th>
14             <th>#</th>
15           </tr>
16         </thead>
17         <tbody>
18           <tr v-for="(item, index) in items" :key="index">
19             <th>{{ index + 1 }}</th>
20             <td>{{ item.get('text') }}</td>
21             <td></td>
22           </tr>
23         </tbody>
24       </table>
```

```
25      </div>
26    </div>
27  </template>
28
29  <script>
30  import { ref, onMounted } from 'vue';
31  import { Parse } from 'parse/dist/parse.min.js';
32
33  export default {
34    setup() {
35      const text = ref('');
36      const items = ref('');
37
38      async function getData() {
39        try {
40          const query = new Parse.Query("ToDo");
41          items.value = await query.find();
42        }
43        catch (error) {
44          console.log(error);
45        }
46      }
47
48      async function save() {
49        const toDoList = new Parse.Object("ToDo");
50        toDoList.set("text", text.value);
51        try {
52          let result = await toDoList.save()
53          text.value = "";
54          await getData();
55          alert('上傳成功 ' + result.id);
56        }
57        catch (error) {
58          alert('上傳失敗 ' + error.message);
59        }
60      }
61
62      onMounted(() => {
63        getData();
```

```
64     });
65
66     return {
67       text,
68       items,
69       save,
70     }
71   },
72 }
73 </script>
```

接下來將入更新與刪除的機制，先在畫面上加入按鈕：

```
01 <td>
02   <button class="btn btn-xs" @click="changeMode(index)" v-if="!item.isEdit"> 編輯 </
button>
03   <div class="flex gap-2" v-if="item.isEdit">
04     <button class="btn btn-success btn-outline btn-xs"> 更新 </button>
05     <button class="btn btn-error btn-outline btn-xs"> 刪除 </button>
06   </div>
07 </td>
```

第 03 行：使用 v-if 來判斷，如果 isEdit 為 true，則會顯示第 03-06 行的內容。

第 02 行：使用 v-if 來判斷，如果 isEdit 為 false，按鈕就會消失。另外將按鈕事件綁定到函式 changeMode() 帶入目前的 index。

到這裡可能會很納悶，isEdit 從哪裡來的？

回到 getData() 函式，修改成：

```
01 async function getData() {
02   try {
03     const query = new Parse.Query("ToDo");
04     let datas = await query.find();
05
06     items.value = [];
07     datas.forEach(data => {
08       items.value.push({
```

```
09          "id": data.id,
10          "text": data.get('text'),
11        })
12      });
13    }
14    catch (error) {
15      console.log(error);
16    }
17  }
```

第 06 行：清除 items 陣列所有資料。

第 08-11 行：將下載回來的資料儲存到 items 陣列內。

目前在 items 陣列內每一筆資料都有兩個 key，分別為 id 與 text。由於這裡已經重新定義了 items 陣列內的元素，所以便可以新增其他 key，isEdit 就可以自由新增了。

新增 changeMode() 函式：

```
01 function changeMode(index) {
02    items.value[index].isEdit = true;
03 }
04
05 return {
  // 中間省略 ...
06    changeMode,
07 }
```

第 02 行：會將陣列 items 的某一筆的 isEdit 設定為 true，而這某一筆會根據所傳入的 index 來決定。

接著，當開啟修改模式時，要出現輸入框：

```
01 <td>
02    <p v-if="!item.isEdit">{{ item.text }}</p>
03    <input type="text" placeholder="今天要做什麼？" class="input input-bordered
input-md w-full max-w-xs" v-model="item.text" v-else />
04 </td>
```

第 02 行：加入 v-if 判斷該筆 isEdit 為 true。

第 03 行：加入輸入框，使用 v-else 判斷是否要出現。

針對每一筆資料，可以更新：

```
01 async function update(index) {
02   let item = items.value[index];
03
04   try {
05     const query = new Parse.Query("ToDo");
06
07     query.equalTo("objectId", item.id);
08     const toDo = await query.first();
09     toDo.set('text', item.text);
10     await toDo.save()
11     items.value[index].isEdit = false;
12   }
13   catch (error) {
14     alert(' 更新失敗 ' + error.message);
15   }
16 }
```

針對每一筆資料，可以刪除：

```
01 async function remove(index) {
02   let item = items.value[index];
03
04   try {
05     const query = new Parse.Query("ToDo");
06     query.equalTo("objectId", item.id);
07     const toDo = await query.first();
08     await toDo.destroy();
09     await getData();
10   }
11   catch (error) {
12     console.log(error);
13   }
14 }
```

更新與刪除的按鈕加入觸發的函式：

```
01 <td>
02   <button class="btn btn-xs" @click="changeMode(index)" v-if="!item.isEdit">編輯 </button>
03   <div class="flex gap-2" v-if="item.isEdit">
04     <button class="btn btn-success btn-outline btn-xs" @click="update(index)">更新 </button>
05     <button class="btn btn-error btn-outline btn-xs" @click="remove(index)">刪除 </button>
06   </div>
07 </td>
```

第 04 行：更新會呼叫 update() 函式。

第 05 行：刪除會呼叫 remove () 函式。

最後加入按鈕的讀取狀態，需要一個變數來參考：

```
01 const isSave = ref(false);
```

當 isSave 為 true 時，表示正在上傳資料，否則，上傳資料已經完成。

在 save() 函式設定 isSave 的狀態：

```
01 async function save() {
02   isSave.value = true;
03
04   const toDoList = new Parse.Object("ToDo");
05   toDoList.set("text", text.value);
06   try {
07     await toDoList.save()
08     text.value = "";
09     await getData();
10     isSave.value = false;
11   }
12   catch (error) {
13     alert('上傳失敗 ' + error.message);
14   }
```

```
15 }
```

第 02 行：上傳資料前，將變數 isSave 設定為 true。

第 10 行：上傳資料成功，將變數 isSave 設定為 false。

在儲存按鈕上加入是否為 disable 狀態：

```
01 <button class="btn" @click="save" :disabled="isSave || text === ''">
02   <span class="loading loading-spinner loading-xs" v-if="isSave"></span>
03   儲存
04 </button>
```

第 01 行：如果 isSave 為 true 或者 text 為空時，就會呈現 disable 狀態

最終完整的程式碼：

```
001 <template>
002   <div class="container mx-auto">
003     <div class="flex justify-center mt-4 gap-2">
004       <input type="text" placeholder=" 今天要做什麼？ " class="input input-bordered
input-md w-full max-w-xs" v-model="text" />
005       <button class="btn" @click="save" :disabled="isSave || text === ''">
006         <span class="loading loading-spinner loading-xs" v-if="isSave"></span>
007         儲存
008       </button>
009     </div>
010
011     <div class="overflow-x-auto">
012       <table class="table table-zebra">
013         <thead>
014           <tr>
015             <th> 編號 </th>
016             <th> 內容 </th>
017             <th>#</th>
018           </tr>
019         </thead>
020         <tbody>
021           <tr v-for="(item, index) in items" :key="index">
022             <th>{{ index + 1 }}</th>
```

```
023              <td>
024                  <p v-if="!item.isEdit">{{ item.text }}</p>
025                  <input type="text" placeholder=" 今天要做什麼？ " class="input input-
bordered input-md w-full max-w-xs" v-model="item.text" v-else />
026              </td>
027              <td>
028                  <button class="btn btn-xs" @click="changeMode(index)" v-if="!item.
isEdit"> 編輯 </button>
029                  <div class="flex gap-2" v-if="item.isEdit">
030                      <button class="btn btn-success btn-outline btn-xs"
@click="update(index)"> 更新 </button>
031                      <button class="btn btn-error btn-outline btn-xs"
@click="remove(index)"> 刪除 </button>
032                  </div>
033              </td>
034          </tr>
035        </tbody>
036      </table>
037    </div>
038  </div>
039 </template>
040
041 <script>
042 import { ref, onMounted } from 'vue';
043 import { Parse } from 'parse/dist/parse.min.js';
044
045 export default {
046   setup() {
047     const text = ref('');
048     const isSave = ref(false);
049     const items = ref([]);
050
051     async function getData() {
052       try {
053         const query = new Parse.Query("ToDo");
054         let datas = await query.find();
055
056         items.value = [];
057         datas.forEach(data => {
```

```
058          items.value.push({
059            "id": data.id,
060            "text": data.get('text'),
061          })
062        });
063      }
064      catch (error) {
065        console.log(error);
066      }
067    }
068
069    async function save() {
070      isSave.value = true;
071
072      const toDoList = new Parse.Object("ToDo");
073      toDoList.set("text", text.value);
074      try {
075        await toDoList.save()
076        text.value = "";
077        await getData();
078        isSave.value = false;
079      }
080      catch (error) {
081        alert('上傳失敗 ' + error.message);
082      }
083    }
084
085    function changeMode(index) {
086      items.value[index].isEdit = true;
087    }
088
089    async function update(index) {
090      let item = items.value[index];
091
092      try {
093        const query = new Parse.Query("ToDo");
094
095        query.equalTo("objectId", item.id);
096        const toDo = await query.first();
```

```
097        toDo.set('text', item.text);
098        await toDo.save()
099        items.value[index].isEdit = false;
100      }
101      catch (error) {
102        alert(' 更新失敗 ' + error.message);
103      }
104    }
105
106    async function remove(index) {
107      let item = items.value[index];
108
109      try {
110        const query = new Parse.Query("ToDo");
111        query.equalTo("objectId", item.id);
112        const toDo = await query.first();
113        await toDo.destroy();
114        await getData();
115      }
116      catch (error) {
117        console.log(error);
118      }
119    }
120
121    onMounted(() => {
122      getData();
123    });
124
125    return {
126      text, isSave, items,
127      save, changeMode, update, remove,
128    }
129  },
130 }
131 </script>
```

11.1.4 線上展示

讀者可到：https://github.com/JakeChang/vue-demo1 參考專案的程式碼，另外也可到：https://vue-demo1.netlify.app/ 線上測試最終做出來的完整功能。

11.2 Blog

第二個範例是要來製作出一個簡單的部落格功能，與 11.1 節所介紹範例的差別在於會有換頁的功能。而在資料庫的操作，一樣使用 Back4App 的服務。UI畫面一樣會使用 tailwindcss 與 daisyUI 來製作。

11.2.1 專案準備

專案設定的步驟，與 11.1.1 節一樣，而資料庫的設定也與 11.1.2 節一樣，這邊就不多做介紹。

11.2.2 程式碼撰寫

接下來進入到程式碼的撰寫。

開啟 App.vue，新增一個 Header UI：

```
01 <template>
02   <div class="navbar bg-neutral text-neutral-content">
03     <div class="flex-1">
04       <a class="btn btn-ghost text-xl">Vue Demo</a>
05     </div>
06     <div class="flex-none">
07       <a class="btn">新增文章</a>
08     </div>
09   </div>
10 </template>
```

開啟瀏覽器會呈現：

▲　圖 11.2.1　Header UI

接下來要將這個首頁的內容與發表文章的頁面，分成兩個元件來製作，先新增首頁內容的元件，在 views 資料夾下，新增 HomeView.vue：

```
01 <template>
02   Home
03 </template>
04
05 <script>
06 export default {
07   name: 'HomeView',
08 }
09 </script>
```

HomeView.vue 先放上最基本的架構。

新增發表文章頁面的元件，在 views 資料夾下，新增 PostView.vue：

```
01 <template>
02   Post
03 </template>
04
05 <script>
06 export default {
07   name: 'PostView',
08 }
09 </script>
```

一樣 PostView.vue 先放上最基本的架構。

開啟 router 資料夾下的 index.js，修改成：

```
01 import { createRouter, createWebHistory } from 'vue-router'
02
03 const routes = [
04   {
05     path: '/',
06     name: 'home',
07     component: () => import('../views/HomeView.vue')
08   },
09   {
10     path: '/post',
11     name: 'post',
12     component: () => import('../views/PostView.vue')
13   }
14 ]
15
16 const router = createRouter({
17   history: createWebHistory(process.env.BASE_URL),
18   routes
19 })
20
21 export default router
```

第 04-08 行：設定根目錄 / 會引用到 HomeView.vue 元件檔案，也就是當網址為 / 時，會呈現 HomeView.vue 的畫面。

第 09-13 行:設定 /post 會引用到 PostView.vue 元件檔案,也就是當網址為 /post 時,會呈現 PostView.vue 的畫面。

因為是製作部落格的功能,在輸入框不能只是單純的輸入文字,必須要能夠使用一般文字編輯的功能,如文字放大縮小、或粗體字等文字編輯的功能。

所以在這裡必須要使用外掛程式 VueQuill,專門提供 Vue3 能使用的文字編輯器。可以參考:https://vueup.github.io/vue-quill/。

回到終端機,在專案目錄下,安裝 VueQuill:

```
$ npm install @vueup/vue-quill@latest --save
```

在發表文章頁面宣告 VueQuill,修改 views/PostView.vue:

```
01 <template>
02   <div class="my-8 container mx-auto px-40">
03     <QuillEditor theme="snow" class="w-full" />
04
05     <div class="flex justify-end">
06       <button class="btn btn-wide"> 儲存 </button>
07     </div>
08   </div>
09 </template>
10
11 <script>
12 import { QuillEditor } from '@vueup/vue-quill'
13 import '@vueup/vue-quill/dist/vue-quill.snow.css';
14
15 export default {
16   name: 'PostView',
17   components: {
18     QuillEditor
19   }
20 }
21 </script>
```

第 12-13 行:引用 QuillEditor 元件。

第 18 行：宣告 QuillEditor 元件。

第 03 行：將元件放入到 HTML 標籤內，在這裡樣式設定 snow。目前僅提供兩種樣式 Bubble 與 snow。

將 QuillEditor 元件內的文字內容，上傳到資料庫：

```
01 async function save() {
02   const toDoList = new Parse.Object("Blog");
03   toDoList.set("text", text.value);
04   try {
05     let result = await toDoList.save()
06     alert('上傳成功 ' + result.id);
07
08     router.push("/");
09   }
10   catch (error) {
11     alert('上傳失敗 ' + error.message);
12   }
13 }
```

第 08 行：當上傳成功時，自動轉址到首頁。

而這個轉址的功能使用到 router 物件，必須要將其引入並切初始化：

```
01 import { useRouter } from 'vue-router'
```

初始化 router 物件：

```
01 const router = useRouter();
```

而這裡必須要判斷當文字為空時，儲存按鈕必須要為 disable 的狀態，使用監聽的機制來實作。

在按鈕綁定變數 text，當 text 為空白時，就呈現 disable 的狀：

```
01 <button class="btn btn-wide" @click="save" :disabled="text === ''"> 儲存 </button>
```

透過監聽 text 變數，當只剩下 HTML 標籤時，清除 text 的內容：

```
01 watch(text, (newValue) => {
02   let temp = newValue.replace(/<\/?[^>]+>/ig, "");
03   if (temp == '') {
04     text.value = '';
05   }
06 });
```

因為 QuillEditor 元件會自動產生 HTML 標籤，所以即便沒有任何文字時，也會有部分的 HTML 標籤，所以在第 02 行先過濾掉 HTML 標籤。

接下來回到 HomeView.vue，修改為：

```
01 <script>
02 import { ref, onMounted } from 'vue';
03 import { Parse } from 'parse/dist/parse.min.js';
04
05 export default {
06   name: 'HomeView',
07   setup() {
08     const items = ref('');
09
10     async function getData() {
11       try {
12         const query = new Parse.Query("Blog");
13         items.value = await query.find();
14       }
15       catch (error) {
16         console.log(error);
17       }
18     }
19
20     onMounted(() => {
21       getData();
22     });
23
24     return {
25       items,
```

```
26      }
27    }
28 }
29 </script>
```

第 10-18 行：新增函式 getData() 存取 Back4App 的 Blog 資料表所有資料。

使用卡片 UI 來呈現所有資料：

```
01 <template>
02   <div class="my-8 container mx-auto px-40">
03     <div class="grid grid-cols-1 gap-8 md:grid-cols-3">
04       <div class="mx-auto" v-for="(item, index) in items" :key="index">
05         <div class="card bg-base-100 shadow-xl">
06           <figure><img src="https://daisyui.com/images/stock/photo-1606107557195-
0e29a4b5b4aa.jpg" alt="Shoes" />
07           </figure>
08           <div class="card-body">
09             <p>{{ item.get('text') }}</p>
10             <div class="card-actions justify-end">
11               <button class="btn btn-primary">修改 </button>
12             </div>
13           </div>
14         </div>
15       </div>
16     </div>
17   </div>
18 </template>
```

第 04 行：使用 v-for 走訪所有 items 的資料。

第 09 行：使用 get('text') 存取欄位名稱為 text 的資料。

因為 get('text') 存取欄位名稱為 text 的資料，會抓到所有文字的內容，當文字數量太多時，卡片排版就會產生破版。

所以為了讓版面簡潔，加入裁減字串的函式：

```
01 function getText(text) {
02   let temp = text.replace(/<\/?[^>]+>/ig, "");
03   var trimmedString = temp.substring(0, 10) + " ...";
04
05   return trimmedString;
06 }
```

在呈現資料時呼叫 getText() 函式：

```
01 <p>{{ getText(item.get('text')) }}</p>
```

在每一張卡片，加入按鈕，這個按鈕可以導入到修改的畫面：

```
01 <router-link :to="{ path: '/post', query: { id: item.id } }">
02   修改
03 </router-link>
```

第 01 行：帶入指定的 id，就可以根據這個 id，到 Back4App 查詢到內容。

• 路由參數傳遞，可以參考 5.2。

回到 PostView.vue，加入取得資料的函式，這裡取得資料會根據所傳入的 id 到 Back4App 來查詢。

先引用相關函式：

```
01 import { ref, watch, onMounted, getCurrentInstance } from 'vue';
```

宣告變數 id，用來儲存來自 HomeView.vue 所傳入的 id：

```
02 const id = ref('');
```

宣告取得資料的函式：

```
01 async function get() {
02   const query = new Parse.Query("Blog");
03   query.equalTo("objectId", id.value);
```

```
04   const blog = await query.first();
05   text.value = blog.get("text");
06 }
07
08 onMounted(() => {
09   const instance = getCurrentInstance();
10   id.value = instance.proxy.$route.query.id;
11   if (id.value) {
12     get();
13   }
14 });
```

第 01-06 行：根據 id 來向 Back4App 查詢資料。

第 10 行：取得路由所傳入的 id，然後儲存到變數 id。

第 11-13 行：如果 id 不為空，就呼叫 get() 函式。

最後修改原本的 save() 函式，修改成如果 id 為空，上傳新的資料，如果 id 不為空，更新資料：

```
01 async function save() {
02   if (!id.value) {
03     const toDoList = new Parse.Object("Blog");
04     toDoList.set("text", text.value);
05     try {
06       let result = await toDoList.save()
07       alert('上傳成功 ' + result.id);
08
09       router.push("/");
10     }
11     catch (error) {
12       alert('上傳失敗 ' + error.message);
13     }
14   }
15   else {
16     try {
17       const query = new Parse.Query("Blog");
18       query.equalTo("objectId", id.value);
```

```
19        const blog = await query.first();
20        blog.set('text', text.value);
21        await blog.save()
22
23        router.push("/");
24      }
25      catch (error) {
26        alert('更新失敗 ' + error.message);
27      }
28    }
29 }
```

第 02-14 行：上傳新的資料。

第 15-29 行：更新資料。

最終完整的程式碼。

App.vue：

```
01 <template>
02   <div class="navbar bg-neutral text-neutral-content">
03     <div class="flex-1">
04       <a class="btn btn-ghost text-xl" href="/">Vue Demo</a>
05     </div>
06     <div class="flex-none">
07       <a class="btn">
08         <router-link to="/post">新增文章 </router-link></a>
09     </div>
10   </div>
11
12   <router-view />
13 </template>
```

Home.vue：

```
01 <template>
02   <div class="my-8 container mx-auto px-40">
03     <div class="grid grid-cols-1 gap-8 md:grid-cols-3">
04       <div class="mx-auto" v-for="(item, index) in items" :key="index">
```

```
05          <div class="card bg-base-100 shadow-xl">
06            <figure><img src="https://daisyui.com/images/stock/photo-1606107557195-
0e29a4b5b4aa.jpg" alt="Shoes" />
07            </figure>
08            <div class="card-body">
09              <p>{{ getText(item.get('text')) }}</p>
10              <div class="card-actions justify-end">
11                <button class="btn btn-primary">
12                  <router-link :to="{ path: '/post', query: { id: item.id } }">
13                    修改
14                  </router-link>
15                </button>
16              </div>
17            </div>
18          </div>
19        </div>
20    </div>
21  </div>
22 </template>
23
24 <script>
25 import { ref, onMounted } from 'vue';
26 import { Parse } from 'parse/dist/parse.min.js';
27
28 export default {
29   name: 'HomeView',
30   setup() {
31     const items = ref('');
32
33     async function getData() {
34       try {
35         const query = new Parse.Query("Blog");
36         items.value = await query.find();
37       }
38       catch (error) {
39         console.log(error);
40       }
41     }
42
```

```
43    function getText(text) {
44      let temp = text.replace(/<\/?[^>]+>/ig, "");
45      var trimmedString = temp.substring(0, 10) + " ...";
46
47      return trimmedString;
48    }
49
50    onMounted(() => {
51      getData();
52    });
53
54    return {
55      items,
56      getText
57    }
58  }
59 }
60 </script>
```

PostView.vue：

```
01 <template>
02   <div class="my-8 container mx-auto px-40">
03     <QuillEditor theme="snow" class="w-full" v-model:content="text"
contentType="html" />
04
05     <div class="flex justify-end">
06       <button class="btn btn-wide" @click="save" :disabled="text === ''">儲存 </
button>
07     </div>
08   </div>
09 </template>
10
11 <script>
12 import { ref, watch, onMounted, getCurrentInstance } from 'vue';
13 import { useRouter } from 'vue-router'
14 import { QuillEditor } from '@vueup/vue-quill'
15 import '@vueup/vue-quill/dist/vue-quill.snow.css';
16 import { Parse } from 'parse/dist/parse.min.js';
```

```
17
18 export default {
19   name: 'PostView',
20   components: {
21     QuillEditor,
22   },
23   setup() {
24     const id = ref('');
25     const text = ref('');
26     const router = useRouter();
27
28     watch(text, (newValue) => {
29       let temp = newValue.replace(/<\/?[^>]+>/ig, "");
30       if (temp == '') {
31         text.value = '';
32       }
33     });
34
35     async function save() {
36       if (!id.value) {
37         const toDoList = new Parse.Object("Blog");
38         toDoList.set("text", text.value);
39         try {
40           let result = await toDoList.save()
41           alert('上傳成功 ' + result.id);
42
43           router.push("/");
44         }
45         catch (error) {
46           alert('上傳失敗 ' + error.message);
47         }
48       }
49       else {
50         try {
51           const query = new Parse.Query("Blog");
52           query.equalTo("objectId", id.value);
53           const blog = await query.first();
54           blog.set('text', text.value);
55           await blog.save()
```

```
56
57          router.push("/");
58        }
59        catch (error) {
60          alert('更新失敗 ' + error.message);
61        }
62      }
63    }
64
65    async function get() {
66      const query = new Parse.Query("Blog");
67      query.equalTo("objectId", id.value);
68      const blog = await query.first();
69      text.value = blog.get("text");
70    }
71
72    onMounted(() => {
73      const instance = getCurrentInstance();
74      id.value = instance.proxy.$route.query.id;
75      if (id.value) {
76        get();
77      }
78    });
79
80    return {
81      text,
82      save,
83    }
84  }
85 }
86 </script>
```

11.2.3 線上展示

　　讀者可到：https://github.com/JakeChang/vue-demo2 參考專案的程式碼，另外也可到：https://jk-vue-demo2.netlify.app/ 線上測試最終做出來的完整功能。

第 **12** 章

Quick Note

　　最後這一章是一個快速的複習，讀者可以藉由本章快速查詢相關指令的用法。

1、建立專案

安裝 Vue CLI：

```
$ sudo npm install -g @vue/cli
```

安裝完成後，確認版本：

```
$ vue -V
```

建立專案：

```
$ vue create vue-demo
```

執行專案：

```
$ cd vue-demo/
$ npm run serve
```

開啟瀏覽器，在網址輸入：http://localhost:8080/ 即可以看到專案內容。

2、變數

輸出變數：

```
<template>
  {{ message }}
</template>

<script>
export default {
  name: 'App',
  data() {
    return {
      message: 'Hello World',
    };
  },
};
</script>
```

如果變數內含有 HTML 標籤，則必須要使用 v-html 輸出：

```
<template>
  <div v-html="messageHTML"></div>
</template>

<script>
export default {
  name: 'App',
  data() {
    return {
      messageHTML: '<b>Hello World</b>',
    };
  },
};
</script>
```

3、綁定 id

綁定變數到 id 內，就要使用 v-bind:id

```
<template>
  <div v-bind:id="myId">{{ message }}</div>
</template>

<script>
export default {
  name: 'App',
  data() {
    return {
      myId: 'text1',
    };
  },
};
</script>

<style>
#text1 {
  font-size: 30px;
  color: red;
```

```
}
</style>
```

使用在按鈕上面：

```
<template>
  <button v-bind:disabled="isDisable"> 按鈕 </button>
</template>

<script>
export default {
  name: 'App',
  data() {
    return {
      isDisable: false,
    };
  },
};
</script>
```

v-bind 可以省略不寫：

```
<template>
  <div :id="myId">{{ message }}</div>
  <button :disabled="isDisable"> 按鈕 </button>
</template>

<script>
export default {
  name: 'App',
  data() {
    return {
      message: 'Hello World',
      myId: 'text1',
      isDisable: false,
    };
  },
};
</script>
```

```
<style>
#text1 {
  font-size: 30px;
  color: red;
}
</style>
```

4、綁定 style

綁定 style：

```
<template>
  <p :style="{ color: myColor }">Hello World</p>
</template>

<script>
export default {
  name: 'App',
  data() {
    return {
      myColor: '#00ffee',
    };
  },
};
</script>
```

設定多重的 style：

```
<template>
  <p :style="{ color: myColor, 'font-size': size + 'px' }">Hello World</p>
</template>

<script>
export default {
  name: 'App',
  data() {
    return {
      myColor: '#00ffee',
```

```
      size: 40,
    };
  },
};
</script>
```

直接將整個 style 寫入到變數裡：

```
<template>
  <p :style="myStyle">Hello World</p>
</template>

<script>
export default {
  name: 'App',
  data() {
    return {
      myStyle: {
        color: '#00ffee',
        fontSize: '40px',
      },
    };
  },
};
</script>
```

使用陣列加入多個：

```
<template>
  <p :style="[myStyle, myStyle2]">Hello World</p>
</template>

<script>
export default {
  name: 'App',
  data() {
    return {
      myStyle: {
        color: '#00ffee',
```

```
      fontSize: '40px',
    },
    myStyle2: {
      backgroundColor: 'blue',
    },
  };
},
};
</script>
```

5、if 判斷

if 標籤：

```
<template>
  <p v-if="isShow">Hello World</p>
</template>

<script>
export default {
  name: 'App',
  data() {
    return {
      isShow: true,
    };
  },
};
</script>
```

if else 判斷式：

```
<template>
  <p v-if="x === 0">x = 0</p>
  <p v-else-if="x === 1">x = 1</p>
  <p v-else-if="x === 2">x = 2</p>
  <p v-else>x != 0</p>
</template>

<script>
```

```
export default {
  name: 'App',
  data() {
    return {
      x: 2,
    };
  },
};
</script>
```

v-show 跟 v-if 有一樣的效果：

```
<template>
  <p v-show="isShow">Hello World</p>
</template>

<script>
export default {
  name: 'App',
  data() {
    return {
      isShow: true,
    };
  },
};
</script>
```

v-show 與 v-if 的差別在於，v-show 如果不顯示的話，會在 HTML 上顯示：

```
<p style="display: none;">Hello World</p>
```

而 v-if 不顯示的話，會變成連標籤都消失不見。

6、for 迴圈

基本迴圈：

```
<template>
  <p v-for="user in users1" :key="user">{{ user }}</p>
```

```
</template>

<script>
export default {
  name: 'App',
  data() {
    return {
      users1: ['Jake', 'Allan', 'Eason'],
    };
  },
};
</script>
```

加入 index 來表示資料的編號：

```
<template>
  <p v-for="(user, index) in users1" :key="user">{{ index }} {{ user }}</p>
</template>

<script>
export default {
  name: 'App',
  data() {
    return {
      users1: ['Jake', 'Allan', 'Eason'],
    };
  },
};
</script>
```

使用陣列的物件資料來顯示：

```
<template>
  <p v-for="(user, index) in users2" :key="user.email">
    {{ index }} {{ user.name }} {{ user.email }}
  </p>
</template>

<script>
```

```
export default {
  name: 'App',
  data() {
    return {
      users2: [
        { name: 'Jake', email: 'jake@gmail.com' },
        { name: 'Allan', email: 'allan@gmail.com' },
        { name: 'Eason', email: 'eason@gmail.com' },
      ],
    };
  },
};
</script>
```

在迴圈加入 if 判斷式：

```
<template>
  <div v-for="(user, index) in users1" :key="user">
    <p v-if="user === 'Jake'">{{ index }} {{ user }}</p>
  </div>
</template>

<script>
export default {
  name: 'App',
  data() {
    return {
      users1: ['Jake', 'Allan', 'Eason'],
    };
  },
};
</script>
```

7、函式

針對變數進行運算：

```
<template>
  {{ x * y }}
```

```
</template>

<script>
export default {
  name: 'App',
  data() {
    return {
      x: 100,
      y: 2,
    };
  },
};
</script>
```

寫成一個共用的函式：

```
<template>
  {{ myFunction() }}
</template>

<script>
export default {
  name: 'App',
  data() {
    return {
      x: 100,
      y: 2,
    };
  },
  methods: {
    myFunction() {
      return this.x * this.y;
      // 注意在這邊要用 this 來取得定義在 data() 內的變數
    },
  },
};
</script>
```

傳入值給函式：

```
<template>
  {{ myFunction2(100) }}
</template>

<script>
export default {
  name: 'App',
  data() {
    return {
      x: 100,
      y: 2,
    };
  },
  methods: {
    myFunction2: function (value) {
      return this.x * this.y + value;
    },
  },
};
</script>
```

8、button

按鈕按下去會將數值累加：

```
<template>
  {{ count }}
  <button v-on:click="myFunction">button</button>
</template>

<script>
export default {
  name: 'App',
  data() {
    return {
      count: 0,
    };
  },
```

```
  methods: {
    myFunction() {
      this.count += 1;
    },
  },
};
</script>
```

使用 @click 取代 v-on:click：

```
<template>
  {{ count }}
  <button @click="myFunction">button</button>
</template>

<script>
export default {
  name: 'App',
  data() {
    return {
      count: 0,
    };
  },
  methods: {
    myFunction() {
      this.count += 1;
    },
  },
};
</script>
```

將 event 傳入到 method：

```
<template>
  {{ count }}
  <button @click="myFunction($event)">button</button>
</template>

<script>
```

```
export default {
  name: 'App',
  data() {
    return {
      count: 0,
    };
  },
  methods: {
    myFunction(event) {
      console.log(event);
      this.count += 1;
    },
  },
};
</script>
```

按紐可以同時傳入多個函式：

```
<template>
  {{ name }}
  {{ count }}
  <button @click="myFunction($event), changeName($event)">button</button>
</template>

<script>
export default {
  name: 'App',
  data() {
    return {
      count: 0,
      name: 'Jake',
    };
  },
  methods: {
    myFunction(event) {
      console.log(event);
      this.count += 1;
    },
    changeName(event) {
```

```
      this.name = 'Allan';
      console.log(event);
    },
  },
};
</script>
```

9、表單

輸入文字框：

```
<template>
  {{ name }} <br />
  <input type="text" v-model="name" />
  <hr />
</template>

<script>
export default {
  name: 'App',
  data() {
    return {
      name: '',
    };
  },
};
</script>
```

多行的輸入文字框 Textarea：

```
<template>
  {{ text }} <br />
  <textarea v-model="text" />
</template>

<script>
export default {
  name: 'App',
  data() {
```

```
    return {
      text: '',
    };
  },
};
</script>
```

下拉式選單：

```
<template>
  {{ selectValue }} <br />
  <select v-model="selectValue">
    <option value="">select</option>
    <option value="1">1</option>
    <option value="2">2</option>
    <option value="3">3</option>
  </select>
</template>

<script>
export default {
  name: 'App',
  data() {
    return {
      selectValue: '',
    };
  },
};
</script>
```

checkbox：

```
<template>
  {{ isCheck }} <br />
  <input type="checkbox" v-model="isCheck" /> is check
</template>

<script>
export default {
```

```
  name: 'App',
  data() {
    return {
      isCheck: false,
    };
  },
};
</script>
```

checkbox 多選：

```
<template>
  {{ checkbox }} <br />
  <input type="checkbox" value="0" v-model="checkbox" /> 0
  <input type="checkbox" value="1" v-model="checkbox" /> 1
  <input type="checkbox" value="2" v-model="checkbox" /> 2
  <input type="checkbox" value="3" v-model="checkbox" /> 3
</template>

<script>
export default {
  name: 'App',
  data() {
    return {
      checkbox: [],
    };
  },
};
</script>
```

radio 單選：

```
<template>
  {{ radio }} <br />
  <input type="radio" value="0" v-model="radio" /> 0
  <input type="radio" value="1" v-model="radio" /> 1
  <input type="radio" value="2" v-model="radio" /> 2
  <input type="radio" value="3" v-model="radio" /> 3
</template>
```

```
<script>
export default {
  name: 'App',
  data() {
    return {
      radio: '',
    };
  },
};
</script>
```

10、表單 submit

用 submit 按鈕來取得表單內容：

```
<template>
  <input type="text" v-model="formData.name" />
  <br />

  <textarea v-model="formData.text" />
  <br />

  <select v-model="formData.selectValue">
    <option value="">select</option>
    <option value="1">1</option>
    <option value="2">2</option>
    <option value="3">3</option>
  </select>
  <br />

  <input type="checkbox" v-model="formData.isCheck" /> is check
  <br />

  <input type="checkbox" value="0" v-model="formData.checkbox" /> 0
  <input type="checkbox" value="1" v-model="formData.checkbox" /> 1
  <input type="checkbox" value="2" v-model="formData.checkbox" /> 2
  <input type="checkbox" value="3" v-model="formData.checkbox" /> 3
  <br />

  <input type="radio" value="0" v-model="formData.radio" /> 0
```

```html
  <input type="radio" value="1" v-model="formData.radio" /> 1
  <input type="radio" value="2" v-model="formData.radio" /> 2
  <input type="radio" value="3" v-model="formData.radio" /> 3

  <button @click="submit">Submit</button>
  <hr />

  {{ formData }}
</template>

<script>
export default {
  name: 'App',
  data() {
    return {
      formData: {
        name: '',
        text: '',
        selectValue: '',
        isCheck: false,
        checkbox: [],
        radio: '',
      },
    };
  },
  methods: {
    submit() {
      console.log(this.formData);
    },
  },
};
</script>
```

11、表單進階

input 去除前後空白：

```html
<template>
  {{ name }} <br />
```

```
    <input type="text" v-model.trim="name" />
</template>

<script>
export default {
  name: 'App',
  data() {
    return {
      name: '',
    };
  },
};
</script>
```

input 輸入完畢跳出才會儲存：

```
<template>
  {{ name }} <br />
  <input type="text" v-model.lazy="name" />
</template>

<script>
export default {
  name: 'App',
  data() {
    return {
      name: '',
    };
  },
};
</script>
```

防止 form 表單按下 submit 按鈕時會跳轉：

```
<template>
  {{ name }} <br />
  <form @submit.prevent="submit">
    <input type="text" v-model.lazy="name" />
    <button type="submit">button</button>
```

```
    </form>
</template>

<script>
export default {
  name: 'App',
  data() {
    return {
      name: '',
    };
  },
  methods: {
    submit() {
      console.log(this.name);
    },
  },
};
</script>
```

防止顯示的變數被更改，只是不顯示被更新的值而已：

```
<template>
  <p v-once>{{ message }}</p>
  <br />
  <input type="text" v-model="message" />
</template>

<script>
export default {
  name: 'App',
  data() {
    return {
      message: 'Hello',
    };
  },
};
</script>
```

　　完全顯示標籤的內容：

```
<template>
  <p v-pre>{{ name }}</p>
  <br />
  <input type="text" v-model="name" />
</template>

<script>
export default {
  name: 'App',
  data() {
    return {
      name: '',
    };
  },
};
</script>
```

　　12、computed

　　methods 與 computed 的差別，computed 不管呼叫多少次，都只會執行一次，而 methods 呼叫幾次就會執行幾次：

```
<template>
  {{ testMethod() }}
  {{ testMethod() }}
  {{ testComputed }}
  {{ testComputed }}
</template>

<script>
export default {
  name: 'App',
  data() {
    return {
      datas: [
        { id: 1, name: 'Jake' },
        { id: 2, name: 'Allan' },
```

```
        { id: 1, name: 'Eason' },
      ],
    };
  },
  methods: {
    testMethod() {
      console.log('testMethod');
    },
  },
  computed: {
    testComputed() {
      console.log('testComputed');
      return 0;
    },
  },
};
</script>
```

computed 可以用在一開始網頁執行時需要的判斷：

```
<template>
  <div v-for="data in checkDatas" :key="data.id">
    {{ data.id }} {{ data.name }}
  </div>
</template>

<script>
export default {
  name: 'App',
  data() {
    return {
      datas: [
        { id: 1, name: 'Jake' },
        { id: 2, name: 'Allan' },
        { id: 1, name: 'Eason' },
      ],
    };
  },
  computed: {
    checkDatas() {
```

```
      return this.datas.filter((data) => data.id === 1);
    },
  },
};
</script>
```

13、watch

基本監聽，按鈕按下去才會監聽：

```
<template>
  {{ count }}
  <br />
  <button @click="addCount">Add Count</button>
</template>

<script>
export default {
  name: 'App',
  data() {
    return {
      count: 0,
    };
  },
  methods: {
    addCount() {
      this.count += 1;
    },
  },
  watch: {
    count(newValue, oldValue) {
      console.log(newValue, oldValue);
    },
  },
};
</script>
```

剛開始執行時就會監聽：

```
<template>
  {{ count2 }}
</template>

<script>
export default {
  name: 'App',
  data() {
    return {
      count2: 10,
    };
  },
  watch: {
    count2: {
      handler(newValue) {
        console.log(newValue);
      },
      immediate: true, // 要設定才會起作用，剛開始執行時就會監聽
    },
  },
};
</script>
```

監聽物件：

```
<template>
  <input type="text" v-model="user.name" />
</template>

<script>
export default {
  name: 'App',
  data() {
    return {
      user: {
        name: '',
      },
    };
```

```
      },
    watch: {
      user: {
        handler(newValue) {
          console.log(newValue);
        },
        deep: true, // 要監聽物件時，要設定才會起作用
      },
    },
};
</script>
```

監聽陣列：

```
<template>
  <button @click="addItem">Add item</button>
</template>

<script>
export default {
  name: 'App',
  data() {
    return {
      items: [],
    };
  },
  methods: {
    addItem() {
      this.items.push('test');
    },
  },
  watch: {
    items: {
      handler(newValue) {
        console.log(newValue);
      },
      deep: true, // 要監聽陣列時，要設定才會起作用
    },
  },
```

```
};
</script>
```

14、Component

基本 component：

```
<template>
  <MyHeader />
</template>

<script>
import MyHeader from './components/MyHeader.vue';

export default {
  name: 'App',
  components: {
    MyHeader,
  },
};
</script>
```

MyHeader.vue：

```
<template>
  <h1>Hello Component</h1>
</template>

<script>
export default {
  name: 'MyHeader',
};
</script>
```

傳入參數：

```
<template>
  <MyHeader name="Jake" />
</template>
```

```
<script>
import MyHeader from './components/MyHeader.vue';

export default {
  name: 'App',
  components: {
    MyHeader,
  },
};
</script>
```

MyHeader.vue：

```
<template>
  <h1>Hello Component</h1>
  <p>{{ name }}</p>
</template>

<script>
export default {
  name: 'MyHeader',
  props: ['name'],
};
</script>
```

傳入參數使用變數：

```
<template>
  <MyHeader :name="name" />
</template>

<script>
import MyHeader from './components/MyHeader.vue';

export default {
  name: 'App',
  components: {
    MyHeader,
  },
```

```
  data() {
    return {
      name: 'Allan',
    };
  },
};
</script>
```

MyHeader.vue：

```
<template>
  <h1>Hello Component</h1>
  <p>{{ name }}</p>
</template>

<script>
export default {
  name: 'MyHeader',
  props: ['name'],
};
</script>
```

傳入參數型別不相符：

```
<template>
  <MyHeader id="1" name="Eason" />
</template>

<script>
import MyHeader from './components/MyHeader.vue';

export default {
  name: 'App',
  components: {
    MyHeader,
  },
};
</script>
```

MyHeader.vue：

```
<template>
  <h1>Hello Component</h1>
  <p>{{ id }}</p>
  <p>{{ name }}</p>
</template>

<script>
export default {
  name: 'MyHeader',
  props: {
    // 定義型別
    id: Number,
    name: String,
  },
};
</script>
```

傳入參數缺少時：

```
<template>
  <MyHeader :id="1" name="Eason" />
</template>

<script>
import MyHeader from './components/MyHeader.vue';

export default {
  name: 'App',
  components: {
    MyHeader,
  },
};
</script>
```

MyHeader.vue：

```
<template>
  <h1>Hello Component</h1>
```

```
  <p>{{ id }}</p>
  <p>{{ name }}</p>
  <p>{{ email }}</p>
</template>

<script>
export default {
  name: 'MyHeader',
  props: {
    // 定義型別
    id: Number,
    name: String,
    email: {
      type: String,
      required: true,
      default: 'demo@demo',
    },
  },
};
</script>
```

15、Component 數值傳出

Component 關閉時，會將變數傳給父組件：

```
<template>
  <button @click="showView">Show View</button>
  <br />
  {{ text }}
  <MyView v-show="isShowView" @close="closeView" />
</template>

<script>
import MyView from './components/MyView.vue';

export default {
  name: 'App',
  components: {
    MyView,
```

```
    },
    data() {
      return {
        isShowView: false,
        text: '',
      };
    },
    methods: {
      showView() {
        this.isShowView = true;
      },
      closeView(text) {
        this.text = text;
        this.isShowView = false;
      },
    },
};
</script>
```

MyView.vue：

```
<template>
  <div>
    <button @click="$emit('close', text)">close</button>
    <br />
    <input type="text" v-model="text" />
  </div>
</template>

<script>
export default {
  name: 'MyView',
  emits: ['close'],
  data() {
    return {
      text: '',
    };
  },
};
</script>
```

16、component 數值自動更新

```
<template>
  {{ name }}
  <MyInput v-model="name" />
</template>

<script>
import MyInput from './components/MyInput.vue';

export default {
  name: 'App',
  components: {
    MyInput,
  },
  data() {
    return {
      name: '',
    };
  },
};
</script>
```

MyInput.vue：

```
<template>
  <input
    type="text"
    :value="modelValue"
    @input="$emit('update:modelValue', $event.target.value)"
  />
</template>

<script>
export default {
  name: 'MyInput',
  props: {
    modelValue: String, // modelValue 為系統名稱，不能自由命名
  },
```

```
};
</script>
```

17、component slot

使用 slot 可以自定義 HTML 標籤：

```
<template>
  <MyCard>
    <h2>Content</h2>
  </MyCard>
  <MyCard>
    <a href="">Link</a>
  </MyCard>
</template>

<script>
import MyCard from './components/MyCard.vue';

export default {
  name: 'App',
  components: {
    MyCard,
  },
};
</script>
```

MyCard.vue：

```
<template>
  <div>
    <!-- 使用 slot 可以讓外部 HTML 傳入 -->
    <slot></slot>
  </div>
</template>

<script>
export default {
  name: 'MyCard'
```

```
};
</script>
```

指定 slot name 傳入：

```
<template>
  <MyCard>
    <template v-slot:header>
      <h1>My Header</h1>
    </template>
  </MyCard>
</template>

<script>
import MyCard from './components/MyCard.vue';

export default {
  name: 'App',
  components: {
    MyCard,
  },
};
</script>
```

MyCard.vue：

```
<template>
  <div>
    <slot name="header"></slot>
    <slot name="content"></slot>

    <!-- 設定 component 的 style 會傳遞到父 component -->
    <h2>Title</h2>
  </div>
</template>

<script>
export default {
  name: 'MyCard',
```

```
};
</script>

<!-- 設定 component 的 style 會傳遞到父 component -->
<style>
h2 {
  color: red;
}
</style>
```

18、component dynamic

使用 Component 來製作 tab bar 功能：

```
<template>
  <button @click="show('tab1')">MyComponent1</button>
  <button @click="show('tab2')">MyComponent2</button>
  <button @click="show('tab3')">MyComponent3</button>

  <MyComponent1 v-if="tab === 'tab1'" />
  <MyComponent2 v-if="tab === 'tab2'" />

  <keep-alive>
    <MyComponent3 v-if="tab === 'tab3'" />
  </keep-alive>
</template>

<script>
import MyComponent1 from './components/MyComponent1.vue';
import MyComponent2 from './components/MyComponent2.vue';
import MyComponent3 from './components/MyComponent3.vue';

export default {
  name: 'App',
  components: {
    MyComponent1,
    MyComponent2,
    MyComponent3,
  },
```

```
  data() {
    return {
      tab: 'tab1',
    };
  },
  methods: {
    show(index) {
      this.tab = index;
    },
  },
};
</script>
```

MyComponent1.vue：

```
<template>
  <p>MyComponent1</p>
</template>

<script>
export default {
  name: 'MyComponent1',
};
</script>
```

MyComponent2.vue：

```
<template>
  <p>MyComponent2</p>
</template>

<script>
export default {
  name: 'MyComponent2',
};
</script>
```

MyComponent3.vue：

```
<template>
  <p>MyComponent3</p>

  <!-- 加入 keep alive 測試 -->
  <input type="text" />
</template>

<script>
export default {
  name: 'MyComponent3',
};
</script>
```

19、Life Cycle

生命週期順序：

beforeCreate → created → beforeMount → mounted

```
<template>
  <button @click="show">Load Component</button>
  <MyComponent v-if="isShow" />
  <br />

  <!-- mounted -->
  <input type="text" ref="inputRef" />
</template>

<script>
import MyComponent from './components/MyComponent.vue';

export default {
  name: 'App',
  components: {
    MyComponent,
  },
  beforeCreate() {
    console.log('beforeCreate');
```

```
    },
    created() {
      console.log('created');
      //API 呼叫
    },
    beforeMount() {
      console.log('beforeMount');
    },
    mounted() {
      console.log('mounted');

      //UI 控制
      this.$refs.inputRef.focus();
    },
    beforeUpdate() {
      console.log('beforeUpdate');
    },
    updated() {
      console.log('updated');
    },
    beforeUnmount() {
      console.log('beforeUnmount');
    },
    unmounted() {
      console.log('unmounted');
    },
    data() {
      return {
        isShow: false,
      };
    },
    methods: {
      show() {
        this.isShow = !this.isShow;
      },
    },
};
</script>
```

MyComponent.vue：

如果載入模組，則順序變成 beforeCreate → created → beforeMount → mounted → beforeUpdate → Component beforeCreate → Component created → Component beforeMount → Component created → updated

```html
<template>
  <p>MyComponent</p>
</template>

<script>
export default {
  name: 'MyComponent',
  beforeCreate() {
    console.log('Component beforeCreate');
  },
  created() {
    console.log('Component created');
  },
  beforeMount() {
    console.log('Component beforeMount');
  },
  mounted() {
    console.log('Component created');
  },
  beforeUpdate() {
    console.log('Component beforeUpdate');
  },
  updated() {
    console.log('Component updated');
  },
  beforeUnmount() {
    console.log('Component beforeUnmount');
  },
  unmounted() {
    console.log('Component unmounted');
  },
};
</script>
```

20、模組共用

```
<template>
  {{ count }}
  <button @click="incrementCount">Add Count</button>
</template>

<script>
import Count from './Count';

export default {
  name: 'App',

  // 加入模組
  mixins: [Count],
  data() {
    return {
      count: 100,
    };
  },
};
</script>
```

Count.js：
```
export default {
  data() {
    return {
      count: 0,
    };
  },
  methods: {
    incrementCount() {
      this.count += 1;
    },
  },
};
```

▌後記

　　至此，不是結束，而只是一個開始而已，但對於程式開發來說，這本書是進入網頁開發的敲門磚。但是，一旦進入就沒有回頭路，在程式開發的職業發展上，必須能夠不斷地自主學習，才可以因應這個行業的指數成長。

　　而在生成式 AI 科技的發展下，筆者也在前言中有談過，一個完全不懂的 Vue3 架構的人，用生成式 AI 確實可以做出一個還不錯的東西出來。但是在零基礎的知識下，後續的維護與功能的更新迭代，才是挑戰。

　　所以筆者認為，對於一個程式人員職業挑戰，應該是思考如何發展自身的技能樹，先往深度發展，然後才往水平發展。因為在未來，專職於單一技能的程式開發人員將會越來越少，取而代之反而是程式整合工程師。

　　本書雖然為 Vue3 的基礎知識集，但僅為程式技能發展的入場卷而已，這只是一個開始，期待筆者能夠與你再次相見。

2024/4 張智翔 敬上

MEMO

MEMO

深智數位
股份有限公司

深智數位
股份有限公司